マンガで納得！

犬の気持ちがわかる

ごあいさつ

犬は、うれしければしっぽを振り、降参するときにはお腹を見せるもの……。

そんなふうに思っていない？　人間は、僕らの気持ちをわかったつもりになっているみたいだけど、本当なの？

だって、僕らはご機嫌ななめのときにしっぽを振ることだってあるし、降参なんてするつもりがなくても、お腹を見せることもある。体の一部やしぐさだけじゃなく、もっといろんなところを見てほしいな。

僕たちはね、人間ともっと心を通わせたいなって思っているから、お話したいって体全体を使ってメッセージを送っているんだ。

僕らのこの気持ち、わかってくれないかな？

登場人物紹介

犬山家

ぷー太
1歳の柴犬。明るくほがらか。

三平
IT関連の営業職に就く34歳。鉄道が趣味で、鉄道模型のフィギュア集めも好き。ぷー太を飼うと決めた張本人だが、仕事と趣味に忙しく、傍観者のよう。

栄子
元営業事務で三平と職場結婚。その後専業主婦となっていたが、ぷー太が1歳を過ぎた頃から週2回、事務のパートに出ている。32歳。

三平だけでなく栄子とも仲良し

犬について教えを請う

ドッグカフェ

ジョン
ドッグカフェの看板犬で、犬種はゴールデンレトリーバー。

マスター
ドッグカフェのオーナー。犬のことなら何でも知っている専門家で、近所の愛犬家のあいだで駆け込み寺となっている。

ときどき
遊びに行く

三平の
実家

コロ

11歳のミックス犬。年のため、最近は寝て過ごす時間が多い。

おとうさん

三平の父親。

おかあさん

三平の母親。

お隣さん。
ぷー太を
介して交流

常連

柴田家

よもぎ

3歳の柴犬。ぷー太の母親。

マユミさん

柴田家を切り盛りする元気なおかあさん。

カズくん

幼稚園生の男の子。

ミキちゃん

小学校1年生の女の子。

大介さん

柴田家の大黒柱。筋肉モリモリで力持ち！

マンガで納得！ 犬の気持ちがわかる 目次

2章　ひとりのときに見られるしぐさ

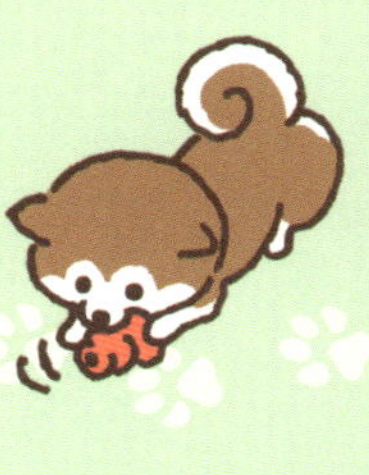

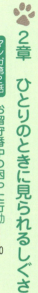

3章　お食事中に見られるしぐさ

4章　おトイレ中に見られるしぐさ

6章　睡眠中に見られるしぐさ

7章　遊びのときに見られるしぐさ

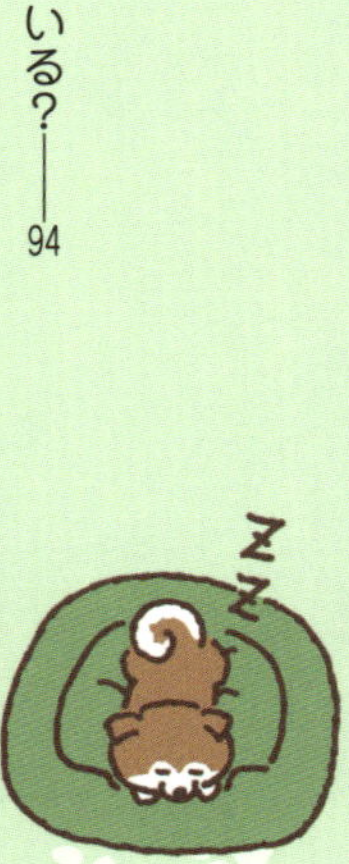

8章　来客時に見られるしぐさ

9章　飼い主と一緒のときに見られるしぐさ

1章 お外で見られる犬のしぐさ

犬山家の朝
遅刻する～
私 起こしたよ! あっお湯
・・・
バタバタ
ピ
バタバタ
僕の名前はぷー太《た》。3ケ月前にこの家にきたんだ
ふたりは僕の「家族」。こっちが三平《さんぺい》
黄色のネクタイどこー?
ぷー太、邪魔しないで
三平～
三平はまいにち仕事であまりあそんでくれない
こっちは栄子《えいこ》
ぷー太 ごはんだよ
ごはんをくれるよ
あそんだり、お散歩するのもいつも栄子といっしょ
いってきまーす
三平ともあそびたいのに……

ある日の休日
だら〜
休みの日は三平がお散歩の当番でしょ
たまの休みくらいゆっくりさせてくれよ〜疲れすぎて立てない〜
・・・
行きます行きます!
ちぇっ めんどくさいなぁ
三平とお散歩ひさしぶりだ! これから何してあそぶのかな
いいなぁ この色!この形!
鉄男
10分後
ぷー太もう帰ろっか
ん?
グッ
おい ぷー太! 何してるんだ!?
ズリー

ぷー太どうした？
大丈夫か？
足が痛いのか!?
病院！ 病院！
オロ
オロ
動物病院
レントゲンの
結果ですが……
問題ありません
そうですか！
なんだよ
ぷー太、
心配させるなよ～
……ってことが
あったわけよ。
もうオレ疲れて。
ゼー
ゼー
で、ぷー太の足の
原因は何だったの？
ピンポーン
回覧板です
ぷー太元気？
じつは……
今いいですか？
こんにちはー
あらぷー太！
どうも
こんにちは
私はそこに
いなかったんですが、
ぷー太が
お散歩の途中で……

……ということがありまして
そう、もしかしたら……
ぷー太はケガをしたフリをしていたのかもね
前にケガをしたとき、たくさんかまってあげなかった？
そういえば……。1ヶ月前にぷー太がお腹をこわしたとき二人して看病して……。
ぷー太
ぷー太
オレもぷー太のそばにいました。あっ！ ぷー太が足を引きずったのは、オレが「帰ろう」って言ってすぐだ！
帰ろっか
ぷー太は自分が弱っているときに、三平さんが親身に面倒を見てくれることを学習したのよ。きっと嬉しかったのね。仮病を使えばまた三平さんにかまってもらえるって……
そう言われましても……。
ジロ
三平の腕のなか、あったかかったなぁ

意味があった！ お散歩中のしぐさ

お散歩は、一日のなかで一番楽しみにしている時間。
でも、飼い主さんは僕たちのちょっとした行動の理由がわからないみたい……？

お散歩中、足をひきずり出した場合、それは仮病かも？

元気に歩いていた犬が、ぷー太のように急に足をひきずり出したら、心配ですね。三平さんのように、あわてて獣医さんのところに連れて行くこともあるでしょう。

このとき、犬の体に問題が見つからないようであれば、仮病の可能性があります。

「犬が人間をだますなんて」と驚くかもしれませんが、犬は飼い主を困らせようとして仮病を使っているわけではありません。

以前、具合が悪かったときに、飼い主が優しくしたり、かまってくれたりしたのを覚えていて、それをもう一度味わいたいと思い、仮病を使ったのだと考えられます。

おそらくこのようなしぐさは、さびしさからくるのでしょう。

飼い主は最近の自分の行ないを思い返してみてください。

十分遊んであげなかった、あまりスキンシップをしていなかったなど、思い当たるふしはありませんか。「仮病を使って」と怒らないであげてください。今以上に犬と過ごす時間をとるなどしてたっぷりと愛情を与えてあげましょう。

仮病はケガだけじゃない？ こんなときにも見られる犬の仮病

お散歩中に足をひきずる以外にも、犬が仮病を見せることがあります。

もっとも多く見られるのが、飼い主が外出しようとしたとき。

犬は飼い主の行動をよく見ています。洋服を着替えたり、外出時に使うバッグを用意するなどすると、犬は「飼い主さんがどこかに行くな」と察します。

日頃から信頼関係が結ばれていれば、犬もさほど神経質になりません。

ですが、前項のように、**飼い主との触れ合いが少なかったり、逆に多すぎたりと、愛情の加減ができていない犬の場合、突然ぐったりした様子を見せることがあります。**

これもまた、仮病である可能性が高いでしょう。病気のフリをしてまでも、飼い主の外出を阻止しようと考えているのです。

ここで外出をとりやめ、しばらくすると、ケロッとした顔で甘えてくるはずです。

散歩中にいきなりスローダウンしてしまった犬、何か原因がある？

機嫌よくお散歩していた犬が、急にゆっくりとした足どりになることがあります。見たところケガした様子もなく、体に問題はなさそうです。

これがしっぽをだらりと下げ、うつむいてさえない表情なら、調子が悪いサインとわかりますが、具合が悪くない状況でのスローダウンの理由はなんでしょう。

この場合、犬の興味をひくものがあったと考えられます。猫の気配やお友だちの犬のニオイなど、人間には察知できない何かがあり、その情報収集のため、ペースを落として歩くのです。

また、このしぐさは、強そうな犬があらわれたときにも見られます。

スローペースで歩くのは、犬の世界において、「敵意がない」ことを示すサイン。もし、前方に犬がいたとしたら、無駄な争いを防ぐため、歩みを緩めたと考えられます。

散歩中、急にとまってしまうのは、不安のサイン？

歩くペースが遅くなるだけでなく、完全に止まってしまった場合はどうでしょう。

こんなとき、周囲を見渡してみてください。前方に犬が苦手とする何かがありませんか？　見慣れないものや、聞き慣れない音など、人間にとってなんでもないものでも、犬にとっては恐怖や不安の対象となる場合があります。

工事中の看板が出ていたり、大きなトラックがとまっているだけでも、気弱な犬を驚かせるには十分です。

恐怖のあまり固まっている場合もあるので、飼い主は優しく声をかけながら、犬が落ち着くまで待ってあげるとよいでしょう。

それでも動かないようなら、コースを変えるか、散歩を切り上げるのも一つの手です。

散歩前に息が荒くなってしまったけど、大丈夫？

お散歩や運動のあとではなく、お散歩前にハァハァと息を荒くする犬がいます。

犬が息を荒くするのは、おもに体温を下げるためですが、お散歩前に息が荒くなるのは、嬉しさのあらわれ。

飼い主がリードを持つ姿を見た犬は、散歩に行くことがわかります。期待感の高まりで体温が上昇し、息を荒くするのです。お友だちの犬に会って興奮したときなども、同じように息が荒くなります。

逆に、嬉しくないことで興奮して息を荒くすることもあります。

動物病院に連れて行かれるときや、子どもに会ったときなど、緊張しすぎてしまったときです。飼い主は落ち着いた声でなだめてあげてください。

心配になっちゃう!

お散歩時の困った行動

お散歩中の僕らは、体がウズウズしちゃうことがたくさん!
でも、飼い主さんは困った顔をしていて……理解してほしいなぁ

食べ物じゃないものまで拾い食いしてしまう!

お散歩中の犬が道端で見つけたものをパクリと口にしてしまうことがあります。

ごはんを十分与えていても拾い食いをしてしまうのは、それが犬の本能だからです。野生時代はいかに食糧を得るかが、生死を分けました。落ちているものを食べるのも当たり前で、その頃の習性の名残というわけです。犬が口にするようなものが落ちていないか注意し、近よらせないようリードを短めに持ちましょう。

自転車など動くものを見ると走り出してしまうのは?

何かを見て犬がダッシュをしてしまうのは困りますね。ですが、これも犬の性。とくに犬は動くものを追いかける習性があるのです。

野生時代の犬の狩りは、群れで獲物を追いかけて捕まえるスタイルをとっていました。そのため、動くものを見ると反射的に行動に出てしまうのです。本能なのでやめさせるのは難しいですが、ボールなどを使い、遊びながら追いかけていいものと悪いものを教えるようにするとよいでしょう。

お散歩中に見られる問題行動

拾い食いをする

拾い食いの習慣は、体に毒になるものを口にしてしまう危険性を高めます。リードを短く持って口が地面に近づかないようにするか、おやつを用意して気をそらすとよいでしょう。

動くものを追いかける

自転車など動くものを追いかけるのは犬の本能ですが、飼い主が引っ張られて転んだり、追いかけた人にケガを負わせたら大変です。散歩中は必ず横について歩くようにしつけることです。

飼い主より先に歩く

散歩中、犬が先に進んだり、勝手な方向に進むことがあります。犬が引っ張ったら、飼い主は歩みを止め、行き先は人間が決めるということをしっかりと覚えさせて下さい。

ドッグランで名前を呼んでも戻って来ないときがあるのは？

「名前を呼ぶとちゃんと戻って来る」と自慢の子が、ドッグランではあっさり無視することがあります。聞こえていないのでしょうか？

この場合、犬は聞こえないフリをしているのかもしれません。

戻れば、リードをつけられて家に帰らなくてはいけないということをわかっています。楽しい時間を終わらせたくないので、犬はあえて飼い主の声を無視するのです。

じつは犬が無視をするのは、野生時代の名残だといいます。

群れで暮らしていた彼らにとって、仲間とのイザコザは極力避けたいもの。そこで必要以上にケンカをしないよう、都合が悪いことや気に入らないことは聞こえないフリをするのが生活の知恵だったのです。

ですが、名前を呼んでも来ない習慣がついてしまうのは、困りもの。「おいで」と声をかけたら戻る、飼い主がしゃがんだら戻るなど、戻って来る訓練をしてください。

散歩中、人や犬に吠えかかってしまうのはどうして？

散歩中、すれ違う人や犬を見ると、けたたましく吠えかかる犬がいます。

まるで「僕は偉いんだ」といばっているように見えますが、あえて訳するならば「怖いから来ないで！」。

じつは、吠えグセのある犬の多くは、早くに親元や兄弟たちから引き離され、社会化（社会に慣れること）が不足している傾向があります。

恐怖心からの空いばりですが、それを理解せずに人や犬が近づくと、犬は攻撃に出てしまうかもしれません。

飼い主は犬と相手がすれ違う距離を計算して、リードの長さを調節して持つようにします。

散歩の時間になると知らせてくる犬は、「賢い」わけじゃない？

散歩前になると時間を教えてくれる犬は少なくありません。キュンキュン甘えた声で知らせてきたり、リードをくわえて飼い主のところに持って来たりします。

かわいいお誘いを受けた飼い主は、「いい子だね」と散歩に出る準備をするでしょう。

微笑ましい光景ですが、これが習慣化するのは考えものです。「この時間は散歩」と犬が頭にインプットしてしまうと、飼い主の都合が悪く散歩に出かけられないとき、要求が叶えられるまで延々と吠え続けるようになります。

これは散歩に限らず、遊びやごはんのときも同じです。

自分の要求はすべて叶えられると思い込んでしまうのです。わがままを加速させないためにも、時間を決めないこと。

そして催促されても無視することです。愛犬を無視するのはつらいかもしれませんが、長い目で見れば、それが犬との幸せな生活につながるのです。

びっくり！病院内での犬の行動

僕らは、病院が大の苦手。元気になるため……っていわれても、やっぱりガマンできないよ。僕らのヘルプサイン、気づいてね

しきりに鼻をペロペロなめているけれど、どうしたの？

病院に連れて行ったときのこと、愛犬がしきりに自分の鼻をなめています……。

普通、舌なめずりというとおいしいものを前にしたときに見られますが、この場合の犬は気持ちを落ち着かせようとしているのだと考えられます。鼻をなめるしぐさは、野生時代に身につけた争いを避けるためのシグナルの一つです。緊張をやわらげてあげるためにも、優しく声をかけ、なでてあげましょう。

診察台に乗せたら肉球が汗でびっしょり！　暑いの？

人間は暑いとき、全身に広がる汗腺から汗を出して体温調整をします。ところが、犬の体はというと、汗腺が肉球にしかありません。

では、診察台に乗せられた犬が汗をかいていたら暑がっているのでしょうか。これは違います。もちろん、犬も暑いときに汗をかきますが、もう一つ、ストレスを感じたときや緊張したときにも汗をかくのです。人間でいう、冷や汗と同じで、足の毛が濡れるほど発汗します。

緊張状態のわんこの特徴

耳が下がる

耳はしっぽと並び、犬の気持ちをよく表します。簡単に分類すると、立っていれば元気な証拠、下がっていれば心配・緊張状態といえます。

体が固まる

あまりに強い緊張状態になった犬は、体を硬直させてしまいます。病院内でこのような変化が見られたら、犬の緊張度合いはMAXです。

鼻をなめる

鼻をなめるしぐさは、カーミング・シグナル（122ページに詳細）の代表例。自分自身はもちろん、相手に対しても落ち着いてほしいと訴えているしぐさです。

しっぽが下がる

しっぽは犬の気持ちが顕著に表れる場所。耳と同じく、元気なときや強気なときは上向きで、緊張したり不安を覚えていると下向きになります。

「ヒンヒン」鳴く

怯えた犬は、「ヒンヒン」という力ない鳴き声を上げます。緊張のピークを過ぎて恐怖を感じていると考えられます。

肉球に汗をかく

極度のストレスにさらされている犬は、肉球に汗をかきます。それも、床がびっしょりと濡れるほど。緊張の度合いが高ければ高いほど汗の量も増えます。

種類が変われば性格も変わる！

犬種別性格診断 1

トイプードル

近年、国内でもっとも人気の犬種の一つといわれるのが、トイプードルです。トイプードルは、頭がよくて人によくなつき、明るく友好的な性格の子が多く、はじめてペットを飼う家庭にオススメの犬種です。

自分から積極的に近づいてくるような人懐こさがあるのも魅力で、しつけも比較的しやすいといわれています。

ところで、トイプードルにはブラック、ブラウン、アプリコット、レッド、シルバー、ホワイトなどさまざまな毛色がありますが、じつは毛色によって性格が違うという見方があります。

たとえば、レッドやアプリコットなど赤い毛色やブラウンは、独立心があるため協調性がやや低い傾向に。シルバーは協調性が低めですが、飼い主に従順。ブラックとホワイトは頭がよく、しつけや訓練がしやすいといわれています。

成犬の体高は、25～28cm程度。体型は足が短く胴が長いドワーフタイプ、足が長く胴が短いハイオンタイプ、バランスのとれたスクエアタイプに分かれます。

おもな毛色は、レッド、アプリコット、ブラック、ホワイト、シルバー、ブラウンですが、そのほかにクリーム、カフェオレ、ブルーなどもあります。

2章

ひとりのときに見られるしぐさ

ある日の夕方
ワン
ただいまー
ぷー太
……あっ!
わーい
栄子が
かえってきたー!
ぷ～太～～
ハッ!
叱っちゃ
いけないんだった。
「イタズラは現行犯で叱ること」
ふ～ん、そうなんだ……
犬の飼育
ただいまー
いつもはこんなことしないのに、
最近はじめたパートのときだけ
イタズラするなんて…。
ごはんだってあげてるし、
お水もおもちゃも十分なはず。
何が不満なんだろう……?

数時間後
ただいま～疲れた～～
今日もぷー太がね……
ふーん
ならケージに入れときゃいいんじゃない？
三平の実家のコロのときはどうだったの？
コロは母ちゃんが面倒を見ていたし、オレ遊んでただけだったからなぁ
グィ
グィ
そのうちやめるでしょ。
もーいい！お隣さんに相談してみる
いいんじゃない？
何それ！
栄子なんかおこってるのかな？

翌日
すみません
いいのよ！　上がって！
ぷー太、よもぎママに会うの久しぶりだもんね
よもぎもぷー太も嬉しそうね〜
やっぱり親子ですね。ぷー太あんなにはしゃいで……
それで本題ですが……。
……というわけでして
それもさびしがっている証拠かもね
出かけるときにぷー太に「いってきます」「ただいま」って声をかけていない？

え？
もちろん
それが原因のひとつね。
「分《ぶん》離《り》不《ふ》安《あん》」になる
きっかけになって
しまっているの。
ぶんりふあん？
「いってきます」の声を「ひとりぼっちになるサイン」ととらえて、不安感をまぎらわそうと部屋を荒らしてしまう……
ひとりぼっちのあいずだ！
三平のニオイ
気をまぎらわそう
さみしいよ どうしよう
これが「分離不安」よ
ぷー太、不安だったんだね。
まだまだわからないことだらけ。ぷー太の気持ちがもっとわかるようになれたらいいのに
今度犬のスペシャリストを紹介するわ
ぜひ！
今日はとーっても楽しかったな！

困った！ お留守番時の問題行動

飼い主さんが出かけてひとりぼっちになるとさびしいよ。
だからあんなことやこんなことをしてしまうんだ！

ひとりにすると、破壊行動をとるのは？

ぷー太のようにお留守番のときになると、家具を噛んだりカーテンをちぎったりと困った行動をとる犬がいます。これは、お留守番に腹を立ててのイタズラではありません。

野生時代、群れで暮らしていた犬は、ひとりぼっちになると、不安を覚えます。それをまぎらわせるため、家具の足をかじったり部屋を荒らしたりします。これを「分離《ぶんり》不安《ふあん》」といいます。

分離不安の解消には、外出時や帰宅時に声をかけず、不安感をあおらないことです。

外出するとゴミ箱を散らかすのは？

いつもいいコなのに、私が外出するとゴミ箱をひっくり返してしまう……。そんな犬の行動に困っている飼い主は、少なくないでしょう。

ゴミ箱は、犬にとって好奇心をそそる存在です。食べ物のニオイがするというのも一因ですが、なによりゴソゴソあさる行動は、宝探しをしているような楽しい気持ちにさせてくれます。

外出時は、ゴミ箱を犬の届かない場所に置く、フタをするなど飼い主が工夫することで、予防することができます。

お留守番中に見られる問題行動

家具をかじるなど部屋を荒らす

家具をかじる理由は、成犬と子犬で異なります。子犬は好奇心からかじるのですが、成犬の場合は、暇つぶしか分離不安だと考えられます。暇つぶしであれば、家具に近づけないように柵を設置する、分離不安であれば不安を解消してあげるなどの対策をとりましょう。

ゴミ箱をひっくり返す

ゴミ箱は、犬にとって宝箱のような魅力があります。ゴソゴソとあさるのは穴掘りのように楽しい時間ですし、食べ物や飼い主のニオイがついたものがあれば、ワクワクします。イタズラをされたくないのなら、フタをしたり高い場所に置いたりと、あさらせない方法を考えることです。

飼い主の持ち物をかじる

カーディガンやスリッパなど、飼い主の持ち物ばかり噛んでしまうのは、それだけ犬にとって執着心がある証拠です。犬はお気に入りのものほど、熱心にかじります。この場合も、ゴミ箱の対処法同様、片づけておくことなどが大切です。

なぜ？

ケージ・ハウスでの不思議行動

自分の居場所であるケージやハウスにいても、不安感はぬぐえないんだよ。だからこんな行動をとってしまうんだ……

ケージに入れたら、後ろ足で体をかき続けている！

イヌが後ろ足を持ち上げて自分の体をカキカキしている姿をよく目にします。ですが、しつこくかき続けるときは心配です。

この場合、不安や緊張を感じ、それをまぎわらせようと「転《てん》位《い》行《こう》動《どう》」をしているのかもしれません。

転位行動とは、犬のストレスが高まり、どうしていいかわからないときに見せる行動です。

ストレスの原因を見つけて排除すればおさまりますが、その原因を探るのは簡単ではありません。近所から聞こえる小さな工事音や、芳香剤のニオイなど、人間では気にならない小さな変化が苦痛になっている可能性があるからです。

たとえばケージに入れたときに体をかくなら、ケージに入れられることに対してストレスを覚えているのだと考えられます。

ケージが嫌いなのかひとりにされるのが嫌なのか原因を探る必要があります。

自分の足をなめ続けているけど、どうしちゃったの？

猫が自分の毛や体をなめてキレイにすることをグルーミングといいますが、じつは本来、犬はあまりグルーミングをしません。

それなのに、前足など同じ場所をなめ続けていたら要注意。

まずはそこにケガがないか確認し、傷が見当たらないようなら、前項のカキカキと同じ「転位行動」かもしれません。

長く続くと、舌と唾《だ》液《えき》の刺激で炎症を起こす可能性があります。

無理にやめさせるのではなく、飼い主がストレスの原因を探してとりのぞくことが、大切です。

自分のしっぽを追ってグルグル回るのはひとり遊び？

とくに何もしていないのに、犬がひとりで自分のしっぽを追いかけて、グルグル回ることがあります。

ユーモラスな姿に笑ってしまいますが、あまり続くようなら、ちょっと心配。

飼い主にかまってほしいがためのアピールかもしれません。

以前、回る姿を見て歓声を上げたことはありませんか？　犬はその記憶から、回れば自分に興味を持ってくれると思い込んでいるのだと考えられます。

放っておくと、回る時間が長くなったり、しっぽに噛みつくなどエスカレートしがちです。飼い主はおもちゃを使って遊んであげたり、犬を散歩につれ出すなどして気をまぎらわせてあげましょう。

わんこの ストレスサイン

のんきそうに見える僕たちだけど、ストレスだってたまるんだよ。
こんなとき、さまざまなサインを出しているの、気づいているかな?
ここではおもなサインを5つ紹介するよ!

後ろ足で体をかく

犬が体をかく姿はよく見られますが、頻繁にかく、いつまでもかき続けるといった場合は、SOSのサインかも。いつ頃から体をかき始めたのか、思い返してみて。

体の一部をなめ続ける

おもに前足を毛が抜けたり、皮膚が赤くただれるまでなめ続けるのは、ストレスを感じている証拠。まずはぬるま湯などで洗って手当てを。

しっぽを追って グルグル回る

ストレスを感じたときやフラストレーションがたまったときに見せる行動です。早い段階でストレス源を見つけましょう。

ぬれていないのに 身震いをする

身震いするのは、「嫌な気持ち」をふるい落とそうとしている状態です。こうすることで自分が感じているストレスをほぐそうとしているのです。

しつこく吠える

飼い主とのスキンシップがあまりに少ない犬は、それをストレスに感じて「かまってほしい」としつこく吠え続けます。ご近所からの苦情にもつながるので、注意を。

あれ？

室内で見られる謎の行動

お家の中にいても、飼い主さんと離れていると、ちょっと心細いな。
そんなとき、こんな行動をとるんだよ

家の中で行ったり来たりをくり返しているけど、運動かな？

室内飼いの犬が、部屋の中を行ったり来たりすることがあります。ひとりで運動でもしているのでしょうか。

この行動はストレスがたまり、落ち着かなくなったときに出る「常同行動《じょうどうこうどう》」かもしれません。

常同行動は、犬以外の動物にも見られます。動物園のトラが、オリの中でグルグル回るのも、考えごとをしている人間が部屋のなかをウロウロするのも「常同行動」の一種です。

一時的な行動ならそれほど心配しなくてかまいません。

ですが、ひっきりなしに行ったり来たりしているようであれば、ストレスがたまっているサインかも。

吠えたり暴れたりするわけでないので、飼い主も気がつきにくいのですが、よく観察してください。そしてストレスの原因を探して対処してあげましょう。

廊下をふさぐように寝そべっている犬は、リラックスしている？

掃除や洗濯で忙しくしているとき、愛犬が廊下の真ん中をふさぐようにドーンと寝そべっているということはありませんか？

こんなとき「どいて」と頼んでも知らんぷりをするか、ノロノロ立ってしぶしぶ移動するなど、なんだかふてぶてしい態度に見えますね。

このようにわざわざ邪魔をする犬は何を考えているのでしょう？

これは、犬が飼い主の序列を自分より下だと見ている可能性があります。犬は群れで生活していた動物ですから、飼い犬の場合、家族の中で序列をつくります。

本来なら、飼い主が群れのリーダーとなるべきですが、ときに犬が自分をリーダーだと勘違いをすることがあるのです。

そしてこの犬が廊下に寝そべっているのは、勝手な動きをする者がいないか監視しながら、相手の行動を邪魔することで、自分の力をアピールしているのです。

犬が序列を正しく理解できていないと、飼い主が犬にコントロールされることになるので、正しい序列を教える必要があります。

もっとも、急に厳しく接したり、叱ったりしても効果はありません。毎日の食事や散歩など日常生活の中で飼い主がリーダーだということを教えるようにしましょう。

宙を見ながら小首をかしげる犬！何を見ているの？

リラックスしていた犬が、急に顔を上げて宙《ちゅう》を見つめるということがよくあります。人間には見えていない、何かが見えているのでしょうか？

　このときの犬は、何か物音を耳にし、正体を探ろうとしているのだと考えられます。ピンと立った耳がピクピク動いているはず。犬の嗅覚《きゅうかく》の鋭さは知られていますが、**聴覚も発達していて、人間の何倍も耳がよい**といいます。

　このとき、口角を上げながら舌をのぞかせていたら、面白いことがありそうだと、期待している状態です。ですが耳がやや前方に傾き、表情が鋭くなってきたら、警戒レベルは高め。威嚇《いかく》できるようにスタンバイしているのです。

　また、口を一文字に閉ざしていたら、嗅覚をより働かせて、そのものの正体を探ろうとしているのだと考えられます。

お風呂に入れても、すぐに床に転がってしまうのはなぜ？

愛犬をお風呂に入れてキレイにしたのに、すぐにゴロゴロ転がってがっかりした、という経験がある飼い主は多いのではないでしょうか。

　犬用シャンプーは、人間用に比べるとニオイをおさえてありますが、それでも犬にとっては不自然。そのため、**体についたシャンプーのニオイを消そうとしているる**のだと考えられます。

　また、自分のニオイがしみついた床やカーペットに転がることで、消えてしまった自分のニオイをとり戻そうとしているともいいます。

　そもそも犬には、頻繁なシャンプーは必要ありません。汚れが気になるなら、ブラッシングをこまめにする、水洗いだけにするなどで十分です。

犬の耳はとっても高性能

犬の聴覚は、五感のなかで嗅覚に次いで優れています。聞きとれる音域は、人間よりずっと広く、人間の何倍も優れているといわれています。

物音をキャッチした犬は、音が聞こえる方向に顔を動かし、耳が正面に向くようにします。その上で、音が一番拾いやすいよう耳をピンと立てて、音の正体を探ります。

物音の正体がよくわからないときは、小首をかしげます。その心の声を翻訳するのなら「何の音だろう」といったところ。首をかしげることで左右の耳から入ってくる音の大きさの違いを聞きわけようとしているのだといわれています。

正体がわからなくても、面白いことが起こりそうだと期待感を抱いているときは、おだやかな表情を浮かべ、しっぽを左右にゆったりと振ります。

どうして？ お庭で見られる謎の行動

最近は室内で飼い主さんと一緒に生活をしている仲間が多いけれど、お外に出ると、僕らの野生の血がますます騒ぐよ！

庭のあちこちに穴を掘ってしまうのだけど、どうして？

室外で遊ぶことを許されている犬は、庭で遊べる時間が楽しくて仕方がありません。ですが、飼い主にとって困りものなのが、あちこちに穴を掘る行動。とはいえ、穴を掘るのは犬の本能です。野生時代の犬は、穴を掘って食べ物を保管したり、穴のなかに隠れている獲物をとらえたりして生きていたのです。

穴掘りで犬がよく好むのが、花壇です。まわりより土がやわらかく、肥料のニオイも気になるので、彼らにとって楽しい穴掘り場なのです。穴を掘ってほしくないところは、柵で囲うなどしてあらかじめ予防するとよいでしょう。

ただ、お留守番のときにかぎって、穴掘りをする場合は、留守番のさびしさやストレスをまぎらわすための行動と考えられます。

また、雨続きで散歩に行けていないなどの理由で、エネルギーをあり余らせて掘ってしまうコも

います。飼い主が遊びの時間や散歩の時間でしっかりエネルギーを発散させてあげると、穴掘りも減らせるでしょう。

おやつや骨をどこかに置き去りにしたり、埋めてしまうのは？

犬の穴掘りは本能だと前述しましたが、穴掘りに加えて埋め戻す作業も本能的に行ないます。

たとえば、大好物の骨をもらった犬は、もらってすぐはかじったりしゃぶったりして楽しみますが、しばらくすると骨がこつぜんと消えているでしょう。

飼い主は食べてしまったのかと思うかもしれませんが、数日たって、庭の土の中やマットの下など、思いがけないところから出てくるはずです。

骨は犬にとってごちそうです。ですが一度に食べきれない場合、野生時代の習性で、ほかの動物や仲間に奪われないように隠すのです。

隠し場所は寝床の下だったり、地面に掘った穴の中だったりします。だから、思いがけないところから出てくるのです。

では、そんなところに隠して忘れないのかというと、犬の鼻は敏感ですから、埋めて一ヶ月以上たっても、たいていの犬は見つけることができます。

ですが、なかには、自分が骨を隠したことをすっかり忘れてしまうコもいるようです。

種類が変われば性格も変わる!

犬種別性格診断 2

チワワ

小さな体に大きなうるうるの目が特徴のチワワ。その可愛らしくいたいけな姿から、大人しい性格だと思う人が多いかもしれませんが、ひじょうに活発で運動量が多い犬種です。また、愛くるしい見た目に反して自我が強く、攻撃性がやや高め。

内弁慶なところもあり、飼い主に対しては吠えて要求を通したりとわがままな姿を見せるのに、他人が近くにいると近づこうとしないところがあります。体の小ささゆえか、警戒心が強いのも特徴の一つです。

吠えグセやかみグセがつきやすい犬種ですが、本来のチワワは賢く、理解力にも優れているため、しつけは難しくはありません。ただし、見た目にほだされて飼い主が甘やかすとわがままになる可能性があります。クセをつけないためにも、きちんとしつけることが大切です。

おもな毛色はクリーム、ホワイト、ブラック、ブルー、チョコレート。2色にわかれたパーティカラーもいます。また、毛の長さはスムースとロングの二種があります。

小型犬の中でもっとも小柄なチワワは、体高が15～23cm程度。体重も1kg～3kgと非常に軽く、飼い主のだっこが楽です。

3章 お食事中に見られるしぐさ

休日の朝
ぷー太……朝か
キャン
キャン
ん〜ムリ〜
休みの日は三平がお散歩でしょ〜〜
おきてよー
キャン
キャン
もう自分が犬飼うんだって騒いでいたくせに！
三平は？栄子なんかおこってるな
栄子ちゃま、おかえりーごはんにしよー
ハー
うまいかー？ぷー太
じーっ
じー
なんだ？どうしたぷー太

栄子、ぷー太全然食べてないよ
三平は知らないかもしれないけど、ぷー太最近食が細いの。何か病気かしら……
ぷー太どうしたの？ ぷー太がしゃべればいいのに……
病院行けば？
クーン……
そうだ！ 犬のスペシャリスト！ こんなときこそ！
三平、お隣に行くよ！
は？ 病院でしょ？
ピンポーン
なんでオレまで……
柴田家
やあ！
おーい犬山さん
こんにちはー
ハーイ
こんにちはー
突然すみません
こんにちは
じつは前に伺った犬のスペシャリストさんを紹介していただきたくて……
あぁ、待ってね
もしもし
ランチ予約したから！

この流れで犬連れでランチっておかしいでしょ～
ブッブッ
しっ
ぷー太
ここよー
いらっしゃいませ奥のソファ席をご用意していますよ
こんな近所にドッグカフェがあったんだ
じゃあ……犬のスペシャリストって
マスターはこの辺では有名な犬博士なのよ
頼りになるおやじさんなんだよ
いやぁ……。
ふわふわー
クンクン
お手
さすが！看板犬もかしこい！ぷー太なじめるかな？

ってぷー太!
いつの間に!すごい食欲だし!
ガッガッガッ
うちのわんこクッキーです。ぷー太くん相当腹ペコだったみたいですよ。
で、ぷー太の悩みって?
いや…あの食欲が全然なく…いや…なかった…はずなんですけど……。
もしかして最近ごはんを変えました?
じつは「肥満防止にカロリーコントロール食を」という記事を読んで、低カロリーフードに変えました。
犬の健康を考えるならコレ!
低カロリー
DOG FOOD
それなら、ごはんが気に入らなくてハンガーストライキをしていたのかもしれませんね。フードを切り替えるときは
1～2日目
3～4日目
5～6日目
と、徐々に新しいフードを増やすのがコツです
犬も好き嫌いがあるんだなぁ
人もね……
マスターがくれたクッキーすっごくおいしかったなー

見ると不思議

ごはんの食べ方

ごはんは僕たちの活力源！　たいていはモリモリと元気よく食べるけど、なかには不思議な行動をとる仲間も。こんなとき、どんな気持ちでいるかわかるかな？

最近、なぜかごはんを残すようになったけど、どうしたの？

病院に連れて行ってみても問題なし。それなのに、ぷー太のようにごはんを残すようになったら心配ですね。こんな場合は、最近の食生活を思い返してみましょう。

まずは行動を振り返ってみてください。たとえば、飼い主が自分の食事からお肉を少しおすそわけした、試供品のフードをあげたなど、ちょっとしたごちそうを与えませんでしたか？　犬は、「またあれが出てくるかも」という期待感から、ハンガーストライキをすることがあります。いわゆる〝戦略的お残し〟です。

また、今回のぷー太のケースのように、新しいフードが口に合わなくて、お残しをすることもあります。もしフードを変えるのなら、いきなり全部を変えず、それまでのフードに少しずつ混ぜ合わせて、慣らしてあげるとよいですね。

とり上げないのに、ごはんを丸のみしてしまうのはどうして？

ごはんに関する犬の不思議な行動はまだまだあります。そのひとつが、ごはんの丸のみ。

犬が食事するところを見ていると、「よく噛んで食べてほしいな」と思うことがありますね。

それほど犬は、ごはんをほとんど噛まずに丸のみしてしまいます。とり上げるわけでもないのに、どうしてでしょう？

これは野生時代の名残です。群れで生活をしていた犬は、同時に生まれてきた兄弟や姉妹で、母犬のお乳や食べ物を奪い合いながら成長していました。のんびり食べていたら、あっという間に自分の分はなくなってしまうのです。

成長して自分で獲物をとるようになっても、ゆっくり食べている余裕はありません。群れの一頭から、獲物を横どりされるかもしれませんし、自分自身が外敵に襲われる危険だってあります。ですから、急いで食べようと丸のみしていたのです。

消化に悪そうですが、大丈夫。犬の消化液は強いので、丸のみしても消化不良にはならず、栄養もきちんと吸収できます。

それよりも、飼い主はごはんの与えすぎに注意しましょう。あっという間に食べるのを見て、ごはんが足りないのではと、追加する人がいますが、犬の肥満につながります。

うなりながら食事をするのはどうして？

ごはんの時間になると「ウー」とうなりながら食事をする犬がいますが、これは、食事がとられないか警戒しているのです。

前項に述べたように、野生時代の犬にとって獲物は貴重な戦利品であり、たとえ同じ群れの仲間であれ、食事中に近寄ってくるものには、うなって脅かし、遠ざけていたのです。

たとえ飼い主であってもそれは同じ。人間だって、食事中にじっと見られたり、触られたり邪魔されるのはイヤでしょう。

犬がごはんを食べているときは、無用な刺激を与えないようにしましょう。

食器を片づけようとしたら噛まれた！

うなるだけでなく、食事中に飼い主が近づいただけで噛みつくそぶりを見せたり、お皿を片づけようと手をのばした途端、噛んだりする場合は、ちょっと問題です。

飼い主をリーダーと見ておらず、主従関係の序列が逆転している可能性があります。お皿を自分の縄張りととらえているため、ごはんを終えても、子分である飼い主に手出しされることを嫌うのです。

こうならないためにも、子犬のうちに人間がごはんをとり上げないことを学習させましょう。すでに犬が成犬になっている場合は、左ページのような「おかわり作戦」で警戒心をとく練習をします。

また、ごはんの時間に限らず、日頃のしつけで正しい序列を覚えさせましょう。

ごはん時の警戒心をほぐす「おかわり作戦」

1 はじめに、あげるごはんの全体量の半分を食器に入れます。残り半分は、見えないように隠しておきます。

2 **1**の分が食べ終わりそうになったら、残りの半分を食器に入れてやります。こうして、飼い主はごはんを奪う存在ではなく、与える存在だと犬に学習させます。

3 しっかり食べ終わっていることを確認してから、食器を片づけます。このとき、少し怒るそぶりを見せるようなら、好きなおもちゃなどで気をそらしてからお皿に手を伸ばすようにしましょう。

少し笑える？

おやつの前の犬のしぐさ

おやつはごはんよりも、もっと楽しみの時間～！
嬉しいとき、僕らは人間とはちょっと違う行動をとるんだよ

大好きなおやつを前にくしゃみをするけど、どうして？

愛犬の大好物であるおやつを用意したところ、なぜかくしゃみをしています。こんな姿を見ると風邪でもひいたのかな、と思ってしまいますね。でもこの場合、あまりに嬉しくて興奮状態にあるのだと考えたほうがよさそうです。

犬は、**気分が高揚したときにくしゃみをすることがあります。**好物のおやつを前にしたとき、留守をしていた飼い主が帰ってきたときなど、嬉しい、楽しいという感情が極まると、軽いくしゃみをして自分を落ち着かせようとするのです。

これは一種のカーミングシグナルです。人間からするとおかしな気がしますが、野生時代の名残の一つといわれています。

なお、くしゃみの原因が何らかのアレルギーだという可能性もあります。

あまりに長くくしゃみが続くようであれば病院に連れて行き、獣医の診断をあおぐようにしてください。

ときどき好きなおやつから目をそらすのだけど……？

喜んでいる犬が、落ち着こうとしてとる行動は、ほかにもあります。その一つが、無視すること。「ほら、おやつだよ」とさし出したのに、プイと目をそらした……。

なんだか、苦手なものを前にしたかのようなそぶりですね。

たしかに犬は、嫌なことを要求されたり、苦手なものを前にすると目をそらします。ところが反対に、嬉しくてたまらないときにも、見ないフリをすることがあります。

どうして、気持ちと逆のそぶりをするのか、理由はわかっていません。ですが、きちんとしつけがされた犬によく見られる行動であることから、大喜びしつつ、お行儀よくしなくてはいけないと、自分の感情をコントロールしているのかもしれません。

嫌なものを前にしたときと、好きなものを前にしたときの見分けるポイントは、しっぽです。

嫌なものを前にしているときのしっぽは力が抜けてダラリとしますが、好きなものを前にしているときは、パタパタと元気よく振られているはず。どんなに冷静さを装っても、しっぽには本音がちらりと出てしまうようですね。

種類が変われば性格も変わる！

犬種別性格診断 3

ミックス

ミックス犬とはいわゆる雑種のことですが、最近は、純血種に負けず劣らずの人気です。純血種ではないため、粗暴な性格が多いと思われがちですが、実際は穏やかな性格の子が多いようです。

統計的に見れば、オスのほうが元気でやんちゃで、メスのほうが大人しいといわれていますが、個体差や生活環境によっても変わるでしょう。

また、ミックスされた犬種が持つ本来の性格も関係します。

ただし、基本的には温厚のため、しつけもしやすいでしょう。ひとつ注意点をあげれば、子犬の頃に家族として迎えた場合、成犬時にどのようなサイズで、どのような模様になるかわからないということ。小型犬のつもりでいたら、予想より大きくなったということが起こり得ます。

親の犬種によって体高は大きく異なります。両親ともに小型犬であれば小さく、大型犬であれば大きくなるのが一般的です。

毛色や毛の長さも千差万別。また、成長とともに毛の色が変化することも珍しくありません。変化を見守るのがもっとも楽しい犬です。

4章 おトイレ中に見られるしぐさ

ある日の夜
コレ ほしい〜
ん？
トコ トコ
そういえば、ぷー太がいつもウンチをするとき、グルグル回るクセがあるの知ってた？
え、そうなの？ まじまじ見ないからなー
おー ほんとだ！
そういえば散歩のときも回っていたような……
ぐるぐる ぐるぐる ぐるぐる
トイレが気に入らないとかじゃないよね？ コロはどうだった？
？
コロは回らなかったな……。
なんか、もくもくとする感じ。
マスターに聞いてみれば？

翌日 ドッグカフェ
それは「野生時代の本能」ですね。
排泄時は一番無防備な時間ですから、
安全を確かめているのですよ。
ぷー太の野生本能……。
プッ
こんな寝方しているのにね
トイレにまつわる不思議な行動はたくさんありますよ。
ワン!!
たとえば排泄前に自慢げに吠えて毎回教えてくるとか、
トイレシーツを掘るとか、
バリッ
バリッ
人が見ていると排泄しないとか。
・・・
あっ!それ前にあった!

ぷー太
トイレ
ちゃんと
できる
かな
じーー
ちょっと…
見ないでよ……
あれ？ しないの？
つい心配で……。
人間だって自分が用を足しているときに見られるのは嫌でしょう。毎回見ていると、
トイレを
嫌がる
ようになってしまいますよ！
快適なトイレ生活を送ってもらうためにも、安心して用を足せる環境をつくってあげるといいですね
おっ
ぷー太
起きたか
わんこクッキー？
ほんと
マスターは犬のスペシャリストね！
勉強になるわー
あ
誰？

犬山家
さっきのお義母さんのメール！
電車
「栄子ちゃん、元気にしていますか？ぷー太ちゃんに会いたいから、都合のいい日に遊びにいらっしゃい」？
なんでオレにメールよこさないんだ
そういえばぷー太がまだ小さいからって実家に連れて行ってなかったなぁ
柴の子犬？会いたいわ～
犬？ 子犬？ちっこいの？
ぷー太も大きくなったし、行こうよ
コロにも会いたいしね……
のほほ～ん
よし！ じゃあオレ連絡するわ
あっもしもし母さん？オレ
ぷー太、楽しみだねぇ
？なんか2人ともうれしそう！

野生の名残？

おトイレでの不思議

おトイレは、僕らにとって一番、無防備な時間。
野生時代からの習性がついつい出ちゃうんだけど、許してね……

ウンチの前にぐるぐると回っているけれど、何のため？

ぷー太は家の中でしたが、家の中でも散歩中でも、ウンチをする前に地面を熱心にクンクンとかぎながら、グルグルと辺りを回る犬の姿はよく見られます。一見、奇妙な行動ですが、これにも理由があるのです。

野生動物にとってもっとも無防備で敵に襲われやすいのが、排泄の時間です。とくにウンチの場合は、それなりの時間じっとしていなければなりません。

そのため、用を足す前に、その場所が安全か、犬はチェックをするのです。

なかには散歩中、立ち止まって用を足すそぶりを見せながら、歩きはじめて別の場所へ行くという行動を繰り返す犬もいます。これも落ち着いて排泄できる場所かどうか確認しているのです。

犬の本能ですから、せかさず、納得できる場所が見つかるまで、気長に待ってあげましょう。

トイレを済ませたあとに、砂をかけるしぐさをするのは？

トイレを済ませた犬が、後ろ足で地面をかくことがあります。これを砂かけ行動といい、とくにウンチをしたオス犬に見られます。

砂かけといえば猫のしぐさと考えるでしょうが、じつは犬と猫の砂かけでは、目的がまったく異なります。

猫の砂かけは、ウンチのニオイを消そうとして行なわれます。これは獲物に自分の存在を悟らせないようにするためで、だからこそ、猫の砂かけは丁寧です。

いっぽう犬の砂かけは、ウンチを目立たせて自分の存在をアピールするのが目的です。だから、犬が砂かけしたあとは、辺りの土や草、トイレシートがまき散らかされているだけで、ウンチは隠れていません。

気づいていましたか？

猫の砂かけ

猫の砂かけは、自分の存在を隠すため。だからこそ、ウンチを丁寧に埋め戻し、ニオイがもれないようにします。獲物に存在がバレないようにするためであり、また外敵に自身の居場所を知らせないためでもあります。

犬の砂かけ

犬の砂かけは、自己アピールのため。このとき、ウンチを目立たせるだけでなく、肉球の汗腺から出る分泌物を地面にこすりつけ、ニオイを強力にします。これが、ほかの犬に対する縄張りの主張になるのです。

トイレを済ませても、散歩に出るとあちこちでおしっこをするのは？

家のトイレでおしっこを済ませても、散歩となると道のあちこちで、おしっこをかける犬……。よく見かける光景ですが、なぜそんなにおしっこをするのでしょうか。

じつは散歩中のおしっこの多くは、排泄行為ではなく、マーキング行為です。

おしっこをするとき、電柱や道端のニオイを熱心にかいでいますね。ほかの犬の情報があるかないか確認し、ある場合はその上に自分のおしっこをかけて、情報を更新しているのです。

これは、縄張りの主張に限りません。もとのニオイに自分のニオイを加えて自己紹介をしている場合もあります。

なお、マーキングをするのは、オス犬だけではありません。

オス犬は片足を上げておしっこをするため目立ちますが、よく見るとメス犬もあちこちで、腰をかがめてマーキングをしていることに気がつくでしょう。

犬の本能による行為なので、やめさせるのは難しいですが、してはいけないところであれば、リードを引いてその場を離れるようにしましょう。

もし、してしまったときは、持参したペットボトルの水をかけて始末をするのが、飼い主のエチケットです。

どうして犬は自分のウンチを食べてしまうの？

犬のクセで忘れてはいけないのが、ウンチを食べる行為です。どうしてそんなものを？ と飼い主は戸惑ってしまうかもしれません。

食糞《しょくふん》は多くの動物にも見られる行動ですが、犬の場合、とくに子犬に多く見られます。栄養を再吸収しているという説がありますが、空腹なわけではありません。犬にはウンチが汚いという意識がなく、興味本位で転がしているうちに、食べてしまうようです。

ウンチを食べても、基本的に体に害はありませんが、飼い主としては気持ちのよいものではありません。習慣になる前にやめさせたいですね。

まず、ウンチをしたら、犬が口にする前にさっさと片づけるのが基本です。ずっと見張っているわけにはいきませんが、ウンチがあるなと気づいたら、すぐに始末をするようにしましょう。

また、ウンチを口にしている場面を目にしたら、大騒ぎしないこと。犬はウンチをとり上げられないよう、飲み込んでしまいますし、飼い主の気が引けると学習して、同じことを繰り返すようになります。おもちゃやおやつで気をそらし、片づけるとよいですね。

どうしてわからないの？ トイレの失敗

基本的に僕たちはトイレの場所をわかっているよ。
それでもトイレを失敗してしまう場合は、僕らなりの理由があるんだ……

しつけができていたのにトイレ以外の場所でおしっこをするようになった！

ちゃんとトイレで排泄できていたコが、なぜか別の場所で用を足すようになった……。

これが一度や二度なら、ちょっとした失敗だと考えられますが、続くようなら何かしら理由があるはずです。

犬はしっかりトイレのしつけをすると、基本的には失敗することがありません。

犬は飼い主の生活パターンや、家具の配置など、小さな変化にも敏感です。たとえば飼い主の外出が続いて留守番の時間が増えたり、部屋の模様替えをしたりするだけでも、犬は感じとり、ストレスになります。すると、ストレスを解消するため、あるいは飼い主とのコミュニケーションを増やすために、犬はトイレ以外の場所で用を足すようになるのです。

このほかにも、トイレ自体に問題があって犬が意識的にトイレ・ストライキを行なっている可能性もあります。

左ページのポイントを見て愛犬の大きさにあった清潔なトイレであるか、もう一度確認し、必要なら改善するようにしましょう。

犬が嫌がるトイレの特徴

1

土台が不安定なトイレ

高さが違う場所に置かれているなど土台が安定しないトイレは、うまくふんばれず用を足しづらいもの。水平になるように置きましょう。

2

サイズが合っていないトイレ

子犬が成長して体が大きくなったのに、トイレは狭いままということはありませんか？　大きさが合わないとシートに用を足すことができません。

3

汚れているトイレ

犬は人間が考えているよりキレイ好きです。シートがもったいないと排尿してもそのままにしないように。おしっこでもその都度シートを交換しましょう。

4

ベッドが近くにあるトイレ

親切のつもりでも、犬には迷惑です。犬は本来、自分の巣から離れたところで排泄する生き物なので、トイレとベッドは別にするのが基本です。

トイレ以外の場所でウンチをしてしまうのはどうして？

おしっこだけでなく、ウンチをトイレ以外の場所ですることもあります。それもどうやら、わざとしているようですよ。いったいなんのため？

この場合、「飼い主の関心」を得ようとしているのだと考えられます。

以前、犬がトイレ以外の場所でウンチをしたとき、大騒ぎをしませんでしたか？　これは犬にとって「飼い主の関心」というごほうびになっています。

そしてそのごほうびは、「トイレ以外の場所でのウンチ」で得られるとインプットされてしまったに違いありません。

この問題を解決するには、インプットされた情報をとり消す必要があります。

具体的には、粗相《そそう》をしても無視をし、犬がその場を離れてから処理をすることです。

叱りたくなりますが、ここで騒ぎ立てては犬の思うツボ。関心を示さないことで改善されるでしょう。

お出迎えでおしっこをもらしてしまうのだけど……？

飼い主が外出先から帰宅したときにおしっこをあちこちにしてしまう犬がいます。

この行動はいわゆる「うれション」と呼ばれるもので、一種の条件反射です。ひとりで留守番をしていたところに飼い主が帰宅

したことで、最高に嬉しくなり、興奮のあまり、もらしてしまうのです。

これは、子犬の頃の記憶の名残といわれています。母犬は、子犬の排泄を助けるため、用を足す前後にわが子の体をなめます。

子犬にとっては母親の愛情を感じられる幸せな時間だったはずです。そして今、親代わりの飼い主を前に、子犬時代に戻ってしまい、ついつい排泄してしまうのだと考えられます。

また、子犬の頃、上手におしっこができたと飼い主にほめられた記憶が、嬉しさの頂点でよみがえり、もらしてしてしまうこともあります。

このように理由はいくつかありますが、飼い主としては困ってしまいますね。どのように改善していけばよいのでしょう。

まず、犬と一緒になって興奮しないこと。おしっこをされると、「わあ、大変！」など騒いでしまうかもしれません。ですがこれでは、犬は「かまってもらえた」と思うようになります。また同じことを繰り返さないため、静かに始末をすることです。

また、叱るのも逆効果。飼い主は、愛犬がお出迎えでどんなに騒いでも受け流すようにすると、うれションもなくなるでしょう。

種類が変われば性格も変わる!

犬種別性格診断 4

ミニチュアダックスフンド

ミニチュアダックスフンドは、基本的に元気がよく好奇心旺盛のやんちゃな性格です。人間に対してとても友好的で、人の言葉をよく理解する賢さがあります。

ですが、スムース（短毛）、ロング（長毛）、ワイヤー（ちぢれ毛）と毛の種類によって少しずつ性格に違いが見られるようです。

スムースは頭がよく、活発な性格です。ロングは鳥猟犬として人間と暮らしてきたスパニエル系の血をひいているため、甘えん坊が多いよう。ワイヤーはネズミとりとして活躍したテリア系の血をひいているため、気が強く、勇敢なところがあります。

古来、ダックスフンドは狩りのお供とされていました。そのため、小さな体の割には吠える声が大きいのが特徴です。甘やかして育てると吠えグセがついて困るということがありますが、きちんとしつければ飼い主に対してとても従順な子になります。

体高は15cm程度。生後15ヶ月を過ぎたときに胴回りが31～35cmで体重が5kg以下であればミニチュアダックスフンドに分類されます。

毛色はブラック、クリーム、ゴールド、シルバー、チョコレート、ブルーなど。被毛の種類はスムース、ロング、ワイヤーの三種に分かれます。

5章

ほかの犬と一緒にいるときに見られるしぐさ

そういやぷー太、車に乗るのはじめてか……
ま、1時間だし……
きょうはどこに行くのかな？
しっかり固定したし、私が隣にいるから大丈夫だよ
なになにここどこ？
ひーなんだこれこわいーうわーうごいているよー
ブロロロロ
意外と大丈夫そう
ぷー太酔った？
つかれた
いらっしゃい
よく来たね
どれどれ
こんにちは
なんだ？ここはどこだ？

あらー かわいい
ほら、出ておいで
うわぁ 見られてる
おーコロー
のっし
のっし
元気か～？
コロー
年をとったからか最近は動きがにぶくてね……
11歳だし、寝てばかりよ
ぷー太、びっくりしてる
ほら、ぷー太 コロにごあいさつでしょ！
ぬん
ピョン
キュ～ン
あ～あ ぷー太かわいそ～

ぷー太
ごめーん
ハハハ　そのままにして
おいてあげなさい
お茶いれるわね
しばらくして
じーっ
クン
クン
バッッ
あっ
ダメよー！
コロはおじいちゃん犬
なんだから！
大丈夫！　あれは遊ぼうっていう
犬のご挨拶だから
しっぽも元気よく振っているだろう
敵意なんてないから

はぁ～
びっくり
した
っていうか
コロ飼ってて
三平は
知らなかったの?
いや、昔
コロのそんな
姿を
見たような
見てない
ような……
てへへへ
わーい
あそぼうよ
あそぼうよ
たのしいね
たのしいね
コロがこんなに
楽しそうなの
久しぶりね
うん……
ぷー太、お前コロを
元気にしてくれてありがとうな
これからも頼むな
コロじいちゃんと
またあそびたいな

なるほど！ お友だちと一緒のときのしぐさ

群れで行動していた僕らは、知り合いとのコミュニケーションもばっちり。でも人間には不思議に見えるみたい……？

お尻を上げるしぐさは、攻撃態勢ではない？

ぷー太がコロに対して、上体を低くしたままお尻を上げ、これでもかとしっぽをブンブン振っていましたね。

栄子さんはコロに飛びかかっていくのではないかと心配をしていました。ですが、三平さんのご両親が言っていたように、**このポーズは、犬がほかの犬に対して遊びに誘うときに見られるもので、「プレイバウ」といいます。**

攻撃態勢と似ていますが、その違いは口もととしっぽで見分けられます。鼻にシワを寄せ、歯をむき出しにしながらしっぽを立てていたら攻撃態勢で、口もとがやわらかく閉じられ、しっぽを振っていればプレイバウです。

プレイバウのポーズをした犬は、その後、ダッシュで走り出します。これはダッシュした自分を「追いかけて」というメッセージ。ダッシュした犬をもう一匹が追いかければ、そこから楽しい追いかけっこがはじまります。

犬同士はもちろん、人に対しても遊びたいときに見せるしぐさです。

熱心にお尻のにおいをかいでいるけれど、エチケット違反じゃない？

ぷー太がプレイバウをする前に、コロのお尻の近くに歩いていったことに気がつきましたか？これは相手の情報を知ろうとするときに見られるしぐさです。

互いに情報を得ようとして、お尻を追うようにクルクルと回る姿を見たことがある人もいるでしょう。

犬の肛門の近くには、肛門腺《せん》があります。そして肛門線から放たれるニオイには、その犬の性別や年齢、そして発情中かどうかといった個人（？）情報が詰まっています。

つまり、そのニオイをかげば、瞬時に相手のことがわかるというわけ。互いにお尻のにおいをかぎ合うのは、「私は今こんな感じだよ。あなたはどう？」と犬流のあいさつをしているのです。

知り合い同士なら気安くかぎ合いますが、初対面の場合、相手のことを知らないうちに自分の情報を知られてしまうのはイヤという慎重な性格の犬もいます。

互いに慎重な性格の犬の場合、相手のニオイはかぎたいけれど、自分のニオイはかがれたくないという気持ちから、クルクルと回ってしまうことがあります。

とっても不思議

初対面の犬のしぐさ

知り合いのコはともかく、やっぱり初対面のコが相手となると緊張するよ。そんなときの僕らのしぐさ、気づいているかな？

お尻ではなく、地面のニオイを熱心にかいでいるのはなぜ？

愛犬と散歩をしていると、同じように散歩するさまざまな犬に出会います。その中には知り合いもいれば、初対面もいるはず。そして初対面同士の犬の場合、面白いしぐさを見せることがあります。

その一つが、地面のニオイをかぐこと。前の項目で犬はお尻をかぎ合ってあいさつをすると解説しましたが、初対面でいきなり相手のお尻をかいだり、相手に自分のお尻をかがせても平気なのは、かなりオープンな性格の犬に限られます。

人もそうですが、犬の中にも初対面の相手になかなか打ち解けられないコがいるのです。そのような引っ込み思案の犬は、地面のニオイをかいで自分の心の動揺を落ち着かせ、同時に、相手に対して「君と争うつもりはないよ」とアピールします。見ていると、地面のニオイをかぎながら、少しずつ相手の犬に近づいていくはずです。

もっとも、地面のニオイをかぐ行為は、単純にその道を通った犬の情報を収集しているときや、何らかの理由でバツが悪くなり、心を落ち着かせようとしているときにも見られます。

犬同士のごあいさつの例

地面のニオイをかぐ

興奮や不安など、自分の気持ちを抑制するためのしぐさ。自分を落ち着かせ、また相手に対しても「落ち着いて」と訴えるためのシグナルです。

まばたきをする・目を細める

犬は視線を合わせると、敵意があるサインとなります。そのため、相手に敵意がないことを知らせるため、まばたきをしたり、目を細めたりします。

顔や体をそむける

そっぽを向いていると、相手を嫌っているように見えますが、顔や体をそむける行動も、敵意のなさを知らせるシグナルです。互いに落ち着くまで飼い主は見守っていましょう。

しっぽを水平にしている犬は、相手の実力をはかっている？

初対面同士の犬が出会ったとき、しっぽに注目すると、犬の心の声が聞こえてきます。

まず、水平になっていたら、相手の犬が自分よりも上なのか下なのか見定めようとしている状態です。

いきなりケンカがはじまったり、威嚇《いかく》をしたりするほどではないものの、心を許してはおらず、警戒心があります。このとき、ゆっくりとしっぽを振ることもあります。

このあと、しっぽが水平よりも高くなったら、相手への警戒が解けたというサインです。「お友だちになれるよね」という明るい気持ちで、しっぽも大きく振られるでしょう。

この警戒しながらのあいさつは初対面に限らず、日頃仲よくしている犬に対してすることも、あります。

おもちゃのとり合いなどで見られますが、たいていは、下位の犬がゆずり、いつまでもにらみ合うことはありません。

しっぽの先をぶわっと膨らませたら？

水平にしているときは相手の実力の見きわめと前述しましたが、しっぽの先をぶわっと膨らませた場合はどうでしょう。

このとき、しっぽの全体が膨らんでいて、鼻にシワを寄せて牙を見せるというこわい表情をしていれば、攻撃的な気持ちでい

ると考えられます。

ですが、膨らんでいるのがしっぽの先だけだとしたら、それはむしろ逆。「こわいよ～。誰か助けて！」と不安でいっぱいの状態です。

耳や目を見れば、その心境がいっそうわかります。耳はピタリと伏せられ、目はオドオドして相手から視線をそらしているはず。「何も聞きたくないし、何も見たくない」という意思のあらわれです。

飼い主は愛犬を落ち着かせるために、背中や頭をなでてあげてください。

しっぽを丸めて足のあいだにはさんじゃった

犬社会は序列社会だと前述しましたが、だからといってしょっちゅう競争をしているわけではありません。

基本的に争いを好まないため、弱いほうの犬がいち早く「あなたには負けます」とサインを送ります。

その弱さを認めるサインとしてあげられるのが、しっぽを丸めて足のあいだにはさむしぐさ。こうして争う意思がないことを伝えます。

なお、しっぽを巻くのは強い犬を前にしたときだけでなく、大きな音や雷など何かにおびえているときなどにも見られます。

しっぽからわかる犬のキモチ

しっぽは、僕たち犬の気持ちが一番よくあらわれるところ。知り合いや初対面に限らず、相手の犬をどう思っているかは、ここを見れば一目瞭然なんだ！

友だちに会えて嬉しいとき

しっぽは下向きに、勢いよく振られます。このとき、耳はピンと立ち、表情は笑っているかのようにほがらか。お友だちに会えた喜びが全身からあふれています。

親しみを感じる相手と会ったとき

親しみを覚えている相手と出会ったときのしっぽは、下向きに、左右に振られます。激しくはありませんが、ゆったりと大きく振っているのが特徴です。

相手の実力がわからないとき

知らない相手を前に、少し警戒しているときの犬のしっぽは水平からやや下向きで、先端だけを振ります。親しみを覚えている相手へのしっぽ振りと似ていますが、口が閉じられ表情も固いでしょう。

攻撃的な気持ちのとき

相手に対して「やるか！」と挑戦的な気持ちでいるときの犬のしっぽは、ピンと立ちます。その後、小刻みに振るでしょう。威嚇モードが高まると、鼻にシワが寄り、牙をむきます。

怯えや服従の気持ちのとき

相手に対し、降参の気持ちでいるときの犬のしっぽは、後ろ足のあいだにはさみ、隠れてしまいます。いわゆる「しっぽを巻く」状態で、耳や腰も伏せがちになります。

相手の犬の肩にぶつけるしぐさは?

ボディランゲージのほかにも犬が自分の実力を示すサインはいろいろあります。

なかでも、強気な犬が見せるのが、相手の犬に対して肩をぶつける行動です。

「俺のほうが偉いんだから道を開けろ!」とでもいうような態度ですね。

体の様子に注目すれば、しっぽを高く上げ、耳もピンと立ち、いかにも自信満々といった様子でしょう。

繰り返しになりますが、犬の世界は序列社会で成り立っています。

そのため初顔合わせの犬を前にすると、優劣をいち早く判断し、それに合ったしぐさを示すことで争いを避けているのです。

これは犬にとっての生きていくための知恵ともいえますね。

前足をかける行為は何をあらわしている?

肩をぶつけるほど乱暴ではありませんが、相手の背中に前足をかける行為も、強気な犬が見せるしぐさです。

たとえば、子犬の兄弟がじゃれているとき。ある子犬がほかの子犬の背中に前足をかけていれば、前足をかけられたほうの子犬のほうが、立場が弱いことを意味します。

このように強い犬が自分の優位性を示すいっぽうで、弱い犬が優位の犬の強い態度を受け入れる。こうして犬は幼いうちから自分のふるまいを学ぶ訓練をしているのです。

行動でわかる犬の優劣

弱

座って お尻をかがせる

相手に対しておだやかに「あなたのほうが上です」と認めた犬は、座ってお尻のにおいをかがせます。優位の犬はそれを見て、「礼儀をわきまえている」と認めます。

横向きに立つ

犬社会では、正面に立ちはだかること＝「お前をやっつけてやる」という意思表示です。それほど力の差はないけれど、余計な争いをしたくないと考えた犬は、相手に対し横向きに立ちます。

前足をかける

優位性を表すしぐさが、前足を相手にかけること。このときの犬はしっぽも耳もピンと立てており、全身を使って「自分は偉い」ということをアピールします。

強

種類が変われば性格も変わる！

犬種別性格診断 5

柴犬

くるりとした巻きしっぽがチャーミングな柴犬。ザ·日本犬といった見た目から、大人しい犬と思われがちですが、どちらかというと気性は荒く、警戒心も強い犬種です。飼い主には従順ですが、縄張り意識が強いため、ほかの人や犬がテリトリーに入ってくると吠えたり、かみつくそぶりを見せることもあります。幼い頃から周囲に慣れさせるとよいでしょう。

メスは家につく番犬タイプが多いようです。オスは好奇心旺盛で、飼い主以外にもフレンドリーに接する子もいます。環境への順応性が高く、室内外どちらでも飼育可能です。

柴犬の一番の特徴は、その場の空気をよく読むこと。たとえば家族がケンカしているとき、あいだに入って愛想を振りまいたり、無駄に吠えることなくハウスやベッドに入ってじっとする傾向があります。

体高はオスの成犬で37cm ～ 40cm程度で、メスはこれより若干小さくなります。

毛色は赤がもっともポピュラーで、柴犬全体のおよそ80%はこの色。ほかに黒、白、ブレンドされた胡麻（本書の主人公ぷー太はこの色！）があります。

6章 睡眠中に見られるしぐさ

ドッグカフェ
いらっしゃいませ
アイスコーヒーとぷー太にわんこクッキーを
ほんとぷー太は、マスターとわんこクッキーが大好きだな
ワン
そういえばマスター、先日うちの実家でね……
Z
Z
Z
Z
Z
まるで親子だね
クスクス
ウ〜〜
ウ〜〜
ウ〜〜
ん？コロが何か言ってる
寝ぼけているんじゃない？
ハハハ
いびきじゃないか？
ウ〜〜
ウ〜〜
バタ
バタ
いや、なんか変だよ！けいれんしているみたいだ！

コロ!!
バタ
バタ
コロ!
ムクッ
ニカッ
なでて
なでて
ゴロン
なんだよ
全然
普通じゃん……
……って
ことが
ありまして。
11歳
でもコロの年齢を考えると
病気の前触れじゃないかって
心配なんです

お話を聞く限りでは、大丈夫だと思いますよ
ハハハ
この子もときどきするんですが、夢を見て寝言を言っているんです
犬が寝言？
人も同じですが犬の睡眠には、レム睡眠とノンレム睡眠がありまして……。
ノンレム睡眠（深い睡眠）
脳波がゆったり。呼吸もおだやかで、ちょっとの刺激では起きにくい
Z
Z
Z
レム睡眠（浅い睡眠）
脳が起きている状態に近く、活発に働いている。夢を見ているとき
ピク
夢を見ている時間はレム睡眠で、このとき眼球や手足が動いたりするのです
まて〜っ
ヴ〜〜〜
ワンッ
へーなるほどー。

話は変わりますが
ぷー太くんとコロちゃんが一緒にいる時間をつくってあげるのは、とてもよいことですね
?
ハハハ シニア犬と子犬が一緒にいるとメリットが多いという話です
シニア犬は子犬から刺激を受けて運動量が増える
子犬は生活のルールを理解し、犬同士のコミュニケーションがうまくなる
先輩犬は子犬の世話を焼くことで活力が湧く
だからコロが、いつもより元気になってたんだ……
なるほどなぁ。
わんこクッキーもっと食べたいなぁ

なるほど！

睡眠中の不思議行動

眠っているときの僕たちは、人間とまったく一緒で、夢を見ることがあるんだよ。足をバタバタしてても寝相が悪いって言わないで！

寝ながら吠えたり足を動かしているのは、夢を見ている？

寝ている犬がコロのように突然うめいたり、手足をピクピクッと動かすことがあります。三平さんや栄子さんのように、けいれんではないかと、びっくりする飼い主もいるでしょう。

ですがこれは夢を見ているだけ。「ウ～」という声は寝言です。また、足がピクピクッと動いていたのは、夢の中で追いかけっこやハンティングをしようとしていたのかもしれません。口をモグモグさせているときは、ものを食べている夢を見ているのでしょう。

ですから、寝ているときに吠えたり、足をピクピク動かしているからといって、あわてる必要はありませんよ。

人間や犬など動物が夢を見るのは、脳がその日に経験したことや仕入れた情報を整理するためではないかといわれています。脳内整理の大切な時間なので、そっとしてあげてください。

睡眠にも種類が2つある？

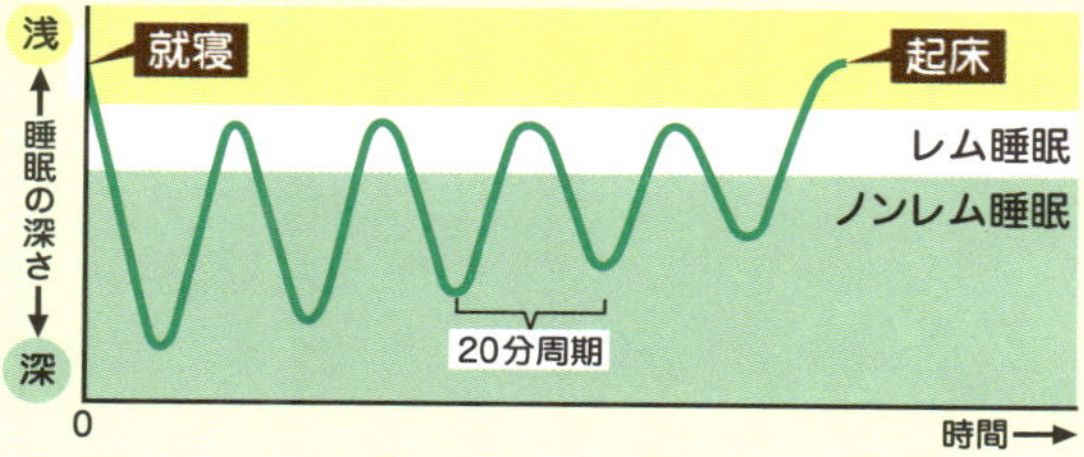

睡眠は、左図のようにレム睡眠とノンレム睡眠の時間が繰り返されています。レム睡眠のときに夢を見るといわれています。

レム睡眠

体は眠っているけれども、脳の一部は目覚めている状態の睡眠。夢が見られるのはこのときです。眠りが浅いので、ちょっとした物音でも目を覚まします。

ノンレム睡眠

体と脳の両方が休止状態の睡眠。深い眠り。この睡眠中にストレスをとり除いたり、ホルモンを分泌したりするので、体の調子を整えるのに、重要な時間です。

寝相でわかる
犬のキモチ

丸まって眠るコ、人間のように仰むけで眠るコなど、僕たちの寝相はさまざま。それぞれの性格も関係するけれど、周囲の環境や気温によっても寝相は変わってくるよ

うつぶせで眠る

もっとも一般的な睡眠スタイル。両前足のあいだに頭をはさむようにして眠るのは、野生時代、地面から伝わる物音をいち早く察知し、動けるようにするためだったといわれています。

丸まって眠る

室内飼いの犬よりも、外で飼われている犬に見られる寝相です。外気温が低い中、丸まることで体温が逃げないようにします。暖かい環境で丸まっているときは、警戒すべき何かがあるのかもしれません。

仰向けで眠る

最近の犬によく見られる寝相です。体の中でもっとも弱いお腹の部分を見せているのですから、その空間に安心しきっている状態といえます。犬にとって究極のリラックススタイルです。

人にくっついて眠る

子犬の頃、犬は親兄弟たちとギュウギュウになって眠っていました。その頃の名残で、飼い主を親と思っているのかもしれません。こうすることで安心感が得られるのです。

おもちゃと一緒に眠る

子犬によく見られる寝相です。遊び疲れてそのまま眠ってしまったという場合もありますが、お気に入りのものと一緒に眠ることで、気持ちが落ち着くのかもしれません。

なんのため？ 睡眠前後に見られるしぐさ

眠っているあいだよりも、人間が不思議に思う行動は、眠る前後に多いみたい。僕たちにとっては当たり前のことなんだけどなあ

Z Z Z

夕方や夜中になると起き上がって遠吠えするけど、どうして？

真夜中に突然ムクッと起きた犬が、「ワォ〜ン」と遠吠えをすることがあります。いったい何事？と驚いてしまいますが、これは、犬の祖先がオオカミだった名残です。オオカミは夜行性なので、真夜中に吠えるのは当たり前のことでした。

かつてオオカミたちは狩りの前にリーダーが群れに「行くぞ」と遠吠えで声をかけ、それを聞いたほかの犬たちが「私も行きます」と返事をしたのです。

理由① 自分の存在の主張のため
理由② 自分の縄張りを知らせるため
理由③ 群れへの合図のため
理由④ ほかの犬への返事のため
理由⑤ 孤独を感じ、さびしさを訴えるため
ワォー

その名残で、地域のリーダーとメンバーが声をかけ合っているのかもしれません。また、遠くで聞こえる救急車やパトカーのサイレンの音に呼応して遠吠えをする犬は、サイレンの音をリーダーの号令と考えているのかも。

このほか、仲間に対して「僕はここにいるよ」と自分の存在を仲間に知らせるために遠吠えをするという説もあります。さらに「このあたりは僕の縄張りだぜ」と主張しているという縄張り主張説、恋愛の季節に、相手を探すための異性へのアピール説などもあります。

眠る前、ベッドの上をガツガツと掘るけど、気に入らないってこと？

眠る直前の犬が自分のベッドの上に乗ってガツガツと掘るしぐさをすることがあります。

いかにも「このベッドは気に入らない」と抗議しているように見えますが、ベッドに不満があるわけではありません。犬流のベッドメイキングをして、もっと快適な寝床にしようとしているのです。

犬はもともと外の世界で生きていました。睡眠中は無防備であり、敵に襲われやすい時間です。

そこで、敵に見つからないように、穴を掘ってその穴の中に身を隠したり、雑草が生いしげる草むらの中にひそむようにして、眠りについていました。

こうして寝床を整える習性が人間と暮らす今でも残っており、ついガツガツと掘るようなしぐさをしてしまうのです。

また、掘るしぐさをすると、イヌの肉球の汗腺にある分泌物が出ます。こうしてベッドに自分の分泌物をこすりつけてマーキングする意味もあるといわれています。

種類が変われば性格も変わる！

犬種別性格診断 6

ポメラニアン

ポメラニアンは、その昔寒い地域でソリをひく犬種を祖先としています。そのため、小さい体ながらとても勇敢で、強気なところがあります。散歩中、前から大きくて強そうな犬が近づいてきても、自分からズンズン寄っていこうとしますし、バイクや自転車が近づいてきても恐れることなく吠えかかったりします。

また、かなりのポジティブ思考のため、自分の要求はかならず満たされると考えます。来客があれば、「おやつをくれるはず」「遊んでくれるはず」と期待を膨らませて近寄ってきて、希望が叶えられるまで、そばでじっと見つめている……なんてこともあるでしょう。

いい意味でも悪い意味でも気持ちの切り替えが得意で、失敗を恐れません。何事にも挑戦するチャレンジャーなわんちゃんといえるでしょう。

平均的な体高は、18～22cm程度。成犬でも体重は1.5～3kgと、チワワとさほど変わりません。

おもな毛色は、ホワイト、ブラック、クリーム、チョコレート、ブルーなど。ゴージャスなダブルコート（二層の被毛）は、お手入れをしないとすぐにからまります。

7章

遊びのときに見られるしぐさ

ある日の夕方
ぷー太
あの
ぬいぐるみ
好きねー
ベッ
買い物前に遊んであげるか
ぷー太、一緒に遊ぼう！
引っぱりっこ
だぞー
グイ
！
ヴ〜〜
バッ
ガブ
痛っ！
ペタン
これは
僕のだ！
ヴ〜〜
ヴ〜〜
…
ピンポーン

これ、おすそ分け……
どうしたの？
ぷー太が急に……
引っぱりっこをしようとしたらガブッて…
…血が……
どれどれ
ブン
ブン
ぷー太のおやつある？
ぷー太ー、おやつ食べるー？
ポト
ハイ、どうぞ
よしよし、ぷー太、いい子ね
さてと
パタン
ちょっとぷー太にはお留守番してもらおうか
？

ドッグカフェ
なるほど……そうでしたか。でも、大丈夫ですよ
犬がものを噛むのは、本能です。ましてや遊びに夢中になっていれば……
興奮状態のままおもちゃをとられまいとするので、つい噛んでしまうこともあるのです。
ぼくのだ!!
ガブリ
キャー
おもちゃだけでなく、それが危険なものであって、飲み込んだら大変です。
わーコラ!!
ダメ!!
言いつけて離すようにする必要がありますね。
そんなときは……

その日の夜
ん?
三平、見てて!マスターに教わったの
ぐい
ぐい
ぐい
ぐい
ヴ
ヴ
ぷー太、ちょうだい
ほう
おやつだ
えらいね!
パッ
おやつで気をそらして離させるのか。オレもやってみる。おやつちょうだい
なるほど～
え?うん
めずらしい……
ぷー太、いいコ!
ちょうだい!
パッ
最近なんだか三平がぷー太のことで協力的になってきたみたい
フフフ
何!?
栄子も三平もなんだかうれしそう。僕もうれしいな

不思議！

遊び中に見られるしぐさ

飼い主さんと遊んでいるときは、楽しくて夢中になってしまうよ。噛んでしまったりもするけれど僕らにも理由があるんだ

おりこうさんの愛犬が、とり上げようとしたら、おもちゃを噛んできた！

ぷー太と栄子さんのように、遊んでいたところ、突然、飼い主を噛む犬がいます。いつもはおりこうな愛犬がどうして、と飼い主は呆然としてしまうでしょう。

もちろん、ぷー太は栄子さんが憎くて噛んだのではありません。

遊んでいるうちに興奮しすぎて、そんなときに手を伸ばされたので、とり上げられると勘違いし、噛んでしまったのです。

こうした行動をとるのは、攻撃的な性格の犬に限りません。ただ、遊びに夢中になりすぎたことが原因なのです。

ほがらかな顔から一転、牙をむいたり、おもちゃに執着を見せるようになったら、興奮しすぎのサインです。一度遊びを中断させましょう。

どうしてもおもちゃを離さないようであれば、おやつを少し用意します。

気持ちがおやつに向き、うまく離すことができるはずです。

噛むまではいかないけれど、うなってくるのは威嚇してる？

ボールやフリスビーを投げて、犬にとって来させる「トッテコイ」は、犬の大好きな遊びです。ですが、なかにはとってきたボールやフリスビーを口にくわえたまま渡そうとせず、「ウゥ」とうなって抵抗する犬がいます。

この場合、序列が入れ替わっているかもしれません。

ボールやフリスビーは、犬にとって獲物と同じで、キャッチしたそれらは自分のものという認識でいます。それでも、普段は飼い主をリーダーだと思っているので、命令に従い、素直に渡すものです。

ところが、興奮のあまり自分のほうが飼い主よりも偉いと思い込むと、せっかくの獲物を渡してなるものか！　とうなってしまうのです。

また、飼い主が何かするたびにうなるクセのある犬は、「うなれば、自分の思い通りになる」と思っているかもしれません。過去にそういうことがあると、犬は、要求を通すためにうなるようになります。ものへの執着に限らず、うなって要求を通そうとするようなら、無視することが大切です。

おもちゃを持って来ては並べるけれど、遊びたいってこと？

家事でバタバタしているときに限って、その様子を眺めていた犬がおもちゃをくわえてやって来ることがあります。そしてちらりと飼い主の顔を見て、またおもちゃを持ってくる……。その姿を見ると、「十分遊んでいるのに、まだ遊び足りないの」と言いたくなるかもしれません。

このとき、犬は遊び足りない不満を訴えているわけではありません。「遊んで」としつこくせがむ自分に対して、飼い主がどう反応するかを確かめたいのです。いつも優しい飼い主の関心が、自分から離れていることに犬は敏感に気づきます。

そこで、「僕への愛情はさめていないよね？」と確認の意味を込めておもちゃを並べ、「僕のことが好きなら遊んで」とわがままを言っているのです。

こんなときは、短時間でかまいませんから、なでたり、優しく声をかけるなどして愛情を示してあげましょう。満足すれば自然と遊びの催促はなくなるはずです。

おもちゃをくわえて激しく頭を振るのはなぜ？

遊んでいる犬がおもちゃをくわえたまま、さかんに頭を振っている姿をよく見ます。どうして、あんなに激しく頭を振るのだろう、と不思議に思ったことはありませんか？

このしぐさは、野生時代の名残です。野生の犬は狩りの際、獲物ののどぶえに噛むつき、しとめます。

ですが、ただ噛みついただけでは獲物の息の根はとまりません。そこで、**噛みついたまま、自分の頭を左右に振って獲物の体を振り回し、より深いキズを負わせようとするのです。**こうしてとどめをさしてから、獲物を味わっていたというわけです。

現代の犬にとっては、遊びが狩りで、おもちゃは獲物の代わりです。そこで、おもちゃをくわえると頭を振ってしまうのです。

残酷なようですが、野生では弱肉強食が当たり前。自分が生き残っていくためには、確実に獲物を仕留めなくてはいけなかったのです。

子犬がおもちゃではなく、手を噛んでくるのはなぜ？

子犬と遊んでいると、おもちゃよりもそれを動かす人間の手に興味を持ち、噛んでくることが少なくありません。こういう場面に遭遇したら、子犬に遊びのルールを教えるよい機会だと考えましょう。

子犬は幼い頃から、兄弟同士で甘噛みし合いながら、どこをどの程度噛めば痛くないかを知り、力加減を学習していくのです。

飼い主に対する甘噛みも、兄弟への甘噛みと同じで、学習のための大事な時間。あまり痛くないのなら、そのままでもよいですが、本当に痛い場合は、「痛い」と叱って、遊びを中断します。そうすれば、「こんなふうに噛んだら、遊んでもらえなくなる」と理解します。

甘噛みを許すと、いずれ本気で噛むようになるという意見もありますが、「強く噛んじゃいけない」とわかっているからこその甘噛みです。加減がわかる犬なら、成長しても本気で噛んだりはしません。

甘噛み程度なら噛ませてあげても構いませんが、痛いときには「痛い」と叱ってやめさせます。

子犬の噛みたい欲求を満たすために、噛みごたえのあるおもちゃを与えるとよいでしょう。

遊んでいるとき、牙をむき出しにしたけど、怒っている？

遊んでいるとき、犬があなたに向かって突然牙をむき出しにしたら、どう感じますか？

きっと威嚇されたと感じ、身が引けてしまいますね。

ですが、ちょっと待ってください。牙をむき出しにしているときの、犬の体はどんな状態か観察してください。

体全体の力が抜けてリラックスしていたり、耳を後ろに倒して顔を丸く見せていたら、それは威嚇ではなく、犬の笑顔かもしれません。

この表情は野生の犬にはないもので、飼い犬として暮らすうちに人間の表情を真似するようになったといわれています。

慣れていないと、笑顔のようには見えませんが、体を見れば、怒っているのか、喜んでいるのか区別できますよ。

服従の笑顔

耳が後ろに寝かされ、顔を丸く見せます。体全体はリラックスし、毛も寝ている状態です。

威嚇の顔

耳が前を向き、鼻にシワが寄せられています。体全体の毛が立ち、力が入った状態です。

鳴き声でわかる
犬のキモチ

「犬の鳴き声といえば『ワンワン』」と思っていない？　でも僕たちの鳴き声は、とっても多彩。そして鳴き声によって仲間に意思を伝えたりするんだ。ここでは、代表的な5つの鳴き声を紹介するよ

元気な「ワンワン！」

しっぽを振りながら明るい声で「ワンワン」と鳴いている場合、親しい相手へのあいさつや、嬉しいときの合図です。あいだに休みをはさみながら「ワンワンワン」と続けて吠える場合は、周囲に警戒を知らせるサインです。

低い「ウーグルルルル」

相手を追い払いたいときの声です。胸の辺りから聞こえてくる感じで、攻撃の一歩手前の合図。飼い主に対してこうした声を出していたら、序列が逆転しているのかもしれません。同じ「グルルル」でも高いトーンであれば、おびえの気持ちが入っています。

ヨーデルのような「ウワー」

遠吠えのようにも聞こえますが、のどを鳴らしてヨーデルを歌っているように響かせる声です。たとえばボール遊びの前など、喜びや興奮を感じたときに使います。

高く響く「キャンキャン」

「ワン」よりも高い「キャン」の鳴き声は、犬が不安や苦痛を感じたときに出す声です。人間でいうところの悲鳴に近いものと考えられます。飼い主はその原因を見つけてとりのぞいてあげてましょう。

甘えるような「クンクン」

鼻にかかったような甘い声は、おもに子犬が甘えたい気持ちのときの鳴き声。自分が無力であることを示したい犬はこうした鳴き声をあげます。飼い主に対しての「クンクン」は依存や要求などの意味があります。

種類が変われば性格も変わる！

犬種別性格診断 7

ヨークシャーテリア

チワワに次ぐ小さな体を持つヨークシャーテリアは、ヨーキーの愛称で知られています。そんなおちびさんですが、かつては害獣の狩猟犬として活躍していました。そのため、かわいらしい見た目に反して、性格は勇敢。とても賢く、独立心も強い傾向があります。

また、自信に満ちていて堂々としているのが特徴です。負けん気もあり、いつもエネルギッシュで飼い主とのふれ合いを楽しもうとします。飼い主に対する愛情も深く、遊び好きであることから、子どものいる家庭に向いているといえるでしょう。

一方で、縄張り意識が強い部分があります。その分、吠えグセもつきやすいですが、しっかりとトレーニングを重ねれば、よい番犬となってくれるでしょう。愛らしい見た目から甘やかしてしまいがちですが、わがまま犬にならないように、しつけをすることが大切です。

体高は平均で20cm程度。成犬でも体重は2～3kgとチワワに次ぐ小柄な犬です。飼い主もだっこが楽。

子犬はブラック・タン（タンとは、目のまわりに異なる色が入っていること）で、成長とともにダーク、スチール、ブルーなど毛色が変化していきます。

8章 来客時に見られるしぐさ

犬山家
いらっしゃい
せっかくのお休みなのに、ごめんなさいね
いえいえ
この子達がぷー太と遊びたいってうるさくて
よもぎがいるのにねー
あ、これおみやげ
だってぷー太、よもぎよりちっちゃくてかわいいんだもん
だもん
ぷー太
ポーン
キャッ
キャッ
ぷー太
ぷー太もうれしそうだなぁ
ね
ぷー太ちっちゃい
ぎゅっ
ぼくもー!
はやく
あったかーい
はやくかえしてー

あ、お菓子用意するね
すっかり夢中だね
スピ〜 スピ〜
じー
うちも子犬ほしいー
スピ〜 スピ〜
じー
栄子〜
ぷー太、スキスキ
スピ〜 スピ〜
三平〜
三平ー 栄子ー もうやだよ 助けてよー
スピ
スピ
ぷー太、なんか変ね。私たちばかり見て。鼻まで鳴らして、もしかして助けを求めてる？
ごめんね、ぷー太ちょっと眠くなっちゃったみたいだから、ハウスで寝かせていい？
いいよ

お昼寝してくるねー
ぷー太おやすみー
ぷー太、疲れちゃったんだろ
ここで休んでな
ふぅ〜三平助けてくれてありがとう
三平さん、ぷー太の訴えがよくわかったわね
いやあ
犬の鼻笛は不満のあらわれなのよ。吠えたいけれどガマンしているしぐさなの。ぷー太、偉いわ
ハイ！もうたくさんぷー太と遊んだでしょう？ありがとうして帰るわよ！
ハーイ
おじゃましましたー
ありがとう
ぷー太ー
またねー
バイバーイ

キョロキョロ
ぷー太、お疲れさん
さっきはびっくりしちゃった
何が？
ううん、別に あれ？どこか出かけるの？
いや、今日はいい天気だから、ちょっと遠いけどそよかぜ公園に行こうかなって
栄子も早く支度しろよ
……。そよかぜ公園？急にどうしたの？
ポカーン
あそこなら広いし、ぷー太ものびのび遊べるだろ？ドライブがてら行こうよ！
おやつ
うん、じゃあパパッとサンドイッチつくるからちょっと待って
オレ卵サンドー
みんなでお散歩かな？うれしいな

なぜなの？

子どもに対して見られるしぐさ

じつは僕たちは、人間の子どもがちょっぴり苦手。声は大きいし、しつこく触られるし……。この気持ち、わかってほしいなぁ

「スピースピー」と鼻を鳴らしていたら？

マンガのぷー太は、お隣の子どもに体をなでられているあいだ、三平さんや栄子さんを見つめながら鼻を鳴らしていましたね。

大人しくしているので嫌がっていないように見えますが、じつはこのときのぷー太はかなりガマンしています。

犬はガマンが限界にきたとき、スピースピーと鼻を鳴らし、「なんとかしてほしい」と訴えます。

犬が鼻を鳴らすのは、イヤなことがあって不満を感じているサイン。

鼻を鳴らしても相手に気づいてもらえないと知ると、やがて「ク～ン、ク～ン」と声に出して鳴くようになります。その声には「なんとかして！」と訴えるような切実さがあります。

しつけられている犬はめったなことでは吠えません。吠えて訴える代わりに鼻を鳴らしたり、「ク～ン、ク～ン」と声を出すことでアピールしているのです。

子どもに目をのぞき込まれて、まばたきしているけど？

愛犬との散歩中、通りかかった子どもが近づいてきて、犬の目をジーッとのぞき込みました。すると、愛犬がパチパチとしきりにまばたきをしているではありませんか。いったいどうしたのでしょう。

人間の世界では、相手の目を見て話すのが礼儀ですが、犬の世界では相手の目を見つめることは、ケンカを売るサインです。

気が強い犬同士であれば見つめ合いから攻撃が始まりますが、争いを好まない犬は、まばたきをして「あなたと争う気はありませんよ」と意思表示をします。このような争いを避けるためのしぐさを「カーミングシグナル」といいます。

カーミングシグナルは犬同士だけでなく、犬と人のあいだでも有効といわれています。

子どもにばかりやたらと吠えかかるのはどうして？

子どもが近づくと、反射的に吠える犬がいます。これはその犬が特別攻撃的な性格だからではありません。じつは犬の多くは、子どもが苦手なのです。

まず、子どもの高くて大きな声は、聴覚の優れた犬にとって騒々しいもの。また、子どもは突然かけ寄ってきたり、いきなり立ったりしゃがんだりと、せわしなく動きます。犬からすると行動の予測がつかず、警戒心を持ってしまいます。

さらに、ベタベタとさわったり、力まかせに抱きついたりするのも、犬にとっては迷惑そのもの。過去にそうした経験がある犬は、子どもを見ると反射的に吠えてしまうのです。

覚えておきたい
カーミングシグナル

まばたき

にらみ合いはケンカの合図。相手に対して敵意がないことを示すためにまばたきをします。目を細めるのも同じ意味があります。

鼻をなめる

鼻が乾いていないのに鼻をなめるのは、気持ちを落ち着かせたり、相手をなだめたりするときのサインです。

そのほかのおもなカーミングシグナル

- □ ゆっくり歩きながら近づく
- □ 円を描くように近づく
- □ その場所から離れる
- □ 相手に背中を向ける
- □ その場に座りこむ
- □ 地面のニオイをかぐ
- □ 耳を伏せる
- □ 口元を引く
- □ 体をブルブル震わせる
- □ そっぽを向く
- □ オシッコをする
- □ 動きを止める
- □ 口をパクパクする
- □ 前足を伸ばして伸びをする

僕たちは、基本的には争いを好まない。争いが起きそうになると、合図を出して、互いに冷静になろうとするんだ

あくびをする

人間は退屈を感じたときにあくびをしますが、犬は逆。緊張し、ストレスを感じたときにあくびをして落ち着きをとり戻そうとします。

前足をあげる

不安や緊張を感じたときのサインで、「この状態から早く抜け出したい」と考えています。前足を上げたあと、人の足などをつつくのは、遊びに誘う合図です。

歯を鳴らす

歯をむき出しにしているときは、攻撃的な気持ちですが、口を閉じたまま歯を鳴らしている場合は、不安やイライラを覚えているのだと考えられます。

なるほど！ 大人に対して見られるしぐさ

僕たちは、野生時代の名残から、飼い主さんたち家族を〝群れ〟と考えているよ。だからそこに入ってくる人は不気味に感じるんだ！

宅配や郵便など、チャイムが鳴るとかならず吠えるのは？

玄関のチャイムが鳴るたびに、「ワンワン！」と吠える犬。飼い主としては近所迷惑になりそうで困ってしまいますが、犬にも言い分があります。

まず、犬にとって自宅は自分の縄張りです。そこに見ず知らずの人がやって来るのですから、その人は犬にとって侵入者も同然。「ここは僕の縄張りだぞ。出ていけ」と吠えるのです。

また、犬は家族を自分の仲間だと思っていますから、仲間に対して「侵入者あり。気をつけろ」と警告するために吠えていることもあります。

「イベント吠え」をする犬もいます。イベント吠えとは、チャイムを何かのイベントのはじまりと考え、興奮して吠えること。

宅急便が来ると、飼い主はハンコを探して玄関へと急ぎますね。そのあわただしい姿を見た犬は、「僕もいっしょに騒ぐぞ」とばかりに吠えてしまうのです。

この場合、叱っても効果はありません。家族や知人に協力してもらい、チャイムが鳴っても飼い主が無視する姿を繰り返し見せて、イベントはないことを理解させてあげましょう。

人が来ると吠えるのはどうして？

おびえている

得たいの知れない相手がやって来たことにおびえ、「ここから消えてほしい」と訴えています。かん高く、「キャンキャン」という悲痛な声の場合が多いです。

侵入者が来たことを知らせる

自分の縄張りに侵入者がやって来たことを群れの仲間（飼い主家族）に知らせる意味があります。また、自分自身の縄張りの主張のためでもあります。

イベントと勘違いしている

チャイムが鳴るとあわただしくなる飼い主の姿を見て、何か楽しいことがはじまると思い込んでいるのかも。また、自分の吠える声に酔い、歯止めがきかなくなっていることもあります。

謎だらけ 来客に対して見られるしぐさ

家の中に入ってくる人は、僕らにとって侵入者。
どんな相手なのか知りたくて、こんな行動をとるんだよ

お客さんに対し、まわりをうろつきながら吠える

友人が家にやって来た日のこと、愛犬が友人のまわりをウロウロしながら、さかんに吠えました。歓迎していないのでしょうか？

まず、犬が来客のまわりをグルグル回るのは、敵意がないことを示していると考えられます。

その上で、全身の毛が寝ていて、表情がおだやかであるようなら、歓迎の気持ちでいると考えられます。このときの鳴き声は、「キャンキャン」という甲高い声のはず。子犬気分で甘えているのでしょう。

ですが、「ワンワンワンワン！」としつこく吠えながら、あたりをウロウロしているようなら、かなり警戒している状態です。四肢をふんばりながらしっぽを高く上げて細かく振っていたら、攻撃的な気持ちでいますから、すぐに友人から遠ざけるようにしましょう。

お客さんの股間のニオイをかぐのは失礼でしょ！

お客さんをリビングに案内したところ、愛犬がやって来て、お客さんのニオイをしきりにかぎはじめました。足元にはじまり、やがて股間のあたりまで熱心に！

男性のお客さんでも気まずいのに、なかには女性のお客さんのスカートのなかに頭を突っ込もうとするコもいます。飼い主は「そんな失礼なことを！」とあわてて止めに入るでしょうが、犬にとっては心外かもしれません。

犬同士のあいさつの項でも紹介しましたが、犬は相手のお尻のニオイから多くの情報を収集し、自分のお尻のニオイをかがせて自己紹介をします。つまり、犬流のごあいさつのつもりでニオイをかごうとしているのです。

こんなときは、お客さんに協力してもらい、手を犬の鼻先に差し出してもらうようにしましょう。

手でにぎりこぶしをつくり、こぶしの甲の部分を犬の鼻先へとゆっくり近づけるイメージです。

このようにして「大丈夫だよ、君と友だちになりたいんだ」とメッセージを伝えることで、犬も安心するはずです。

お客さんに前足を差し出すのは「お手」のサイン？

しつけられた犬の多くは「お手」ができます。ですが、これは、飼い主に命じられた場合の話。それなのに、来客に対して、命じられてもいないうちに自分で前足を差し出す犬がいます。

このしぐさにどんな意味があるのでしょうか？

前足を上げるしぐさはカーミングシグナルの一つで、不安を感じたとき、心を落ち着かせようとして行なうものです。

飼い主の様子を見れば、害をおよぼす相手でないことはわかっていますが、それでも知らない人が同じ部屋の中にいるのだから、気持ちがソワソワするのでしょう。

犬が嫌がらないようであれば、お客さんの手のニオイをかがせるか、ハウスに入れて休ませるなど、不安をとりのぞくようにしてあげるとよいですね。

お客さんが来たら、いきなり背を向けた！　無関心ってこと？

来客があった日、お客さんが犬の顔をのぞき込んであいさつをしたところ、くるりと背を向けてしまいました……。

なんとも失礼な態度ですが、この背を向けるという動作も「カーミングシグナル」の一つです。

きっと、この犬はのぞき込まれて、居心地が悪かったのでしょう。別の項目でも説明しましたが、

犬はジーッとのぞき込まれるのが苦手。見つめることは犬社会において威嚇のしぐさだからです。きっと相手から「私に従え！」と言われている気分になってしまったのでしょう。

そこで、自分の心に落ち着きをとり戻すため、そしてお客さんに敵意がないことを示すために犬は背を向けたのだと考えられます。

お客さんと飼い主のあいだに割り込んでくるのは、嫉妬？

来客中、吠えもせず、いいコにしていた愛犬。つい話し込んでいると、なぜか飼い主とお客さんとのあいだに割り込んできました。「退屈だよ、かまって」とでも言っているのでしょうか。

もちろん「退屈だ、かまってほしい」という気持ちもありますが、それよりもお客さんへの警戒心がぬぐい切れていないのかもしれません。

お客さんに吠えなかったことから、ひとまず「敵ではない」と判断したのでしょう。ですが、お客さんを100パーセント信用しているわけではなく、リーダーである飼い主がお客さんから危害を加えられないように守ろうとしているのです。健気なしぐさですね。

頭をなでたり声をかけたりして、安心させてあげましょう。

来客中に鼻をかき出した！いったいどうしたの？

来客中に犬が見せる不思議な動作はまだあります。たとえば、お客さんと話し込んでいるときに、目の前にやって来た犬が、前足で鼻のあたりをカキカキ……。わざわざ目の前でするこのしぐさには、どんな意味があるのでしょうか？

体を足でかくこと自体は、犬によく見られる行動です。ただ体がかゆいときはもちろん、心を落ち着かせるための「カーミングシグナル」でもあります。その場合、後ろ足でカキカキします。

それが、飼い主の目の前にわざわざやって来て、なおかつ前足を使ってかくということは、何かのアピールに違いありません。

犬は飼い主に甘えようとしているのでしょう。お客さんが来ても大人しくしていましたが、会話がはずんでいる様子を見ているうちに、自分が忘れられたような気分になったのです。

お客さんの足にマウンティング！発情してしまったの？

いっぽうの犬がもういっぽうの犬の背後に馬乗りになって腰を振る行為をマウンティングといいます。オス犬がメス犬に対して行なう性行為と同じポーズですが、マウンティングはオス犬同士やメス犬同士、あるいはメス犬がオス犬に行なうこともあります。この場合、性的な意味はなく、犬は「自分のほうが強い」と相手に示そうとしてい

るのです。

そしてこのしぐさは、人に対しても見られます。お客さんの足に巻きついてマウンティングをしてしまい、困った……という飼い主もいるでしょう。これも、発情したからではなく、縄張りに入って来たお客さんに対し、「自分のほうが上だ」とアピールしているわけです。

マウンティングをさせないためには、上下の関係を明らかにしておかなくてはなりません。お客さんの足に巻きついたら、犬の後ろ足を払うなどして離れさせ、「ダメ」と教えましょう。

帰ろうとする来客の足をガブリと噛んだ!

楽しい時間を過ごした来客が帰ろうとしたとたん、それまで大人しくしていた愛犬が足に噛みついてしまったという話を聞きます。なぜ犬は態度を突然変えてしまったのでしょうか?

じつは犬からすると、態度を変えたわけではありません。

大人しくしていたのは、リーダーである飼い主の命令を守っていただけで、心の中ではお客さんを歓迎していなかったのでしょう。

そしてお客さんが帰るとき、自分の存在を無視するかのように帰ろうとしている――。それが失礼な態度だと感じ、「あいさつくらいしなよ」という意味で、犬は軽く噛んでみせたのです。

お客さんが犬に対して「またね」など、一言声をかければ、こうしたトラブルは起こらなくなります。

種類が変われば性格も変わる!

犬種別性格診断 8

ミニチュアシュナウザー

ミニチュアシュナウザーは、ドイツ語で「小さいヒゲ」という意味があるように、おじいさんのようなヒゲが特徴のわんこです。

この犬種は、とても賢く聡明なのですが、その反面、頑固者が多いようです。これと決めたことは、たとえリーダーである飼い主の命令でも譲らない場合があり、はじめてペットを飼う家庭は少し苦労するかもしれません。

また、ミニチュアシュナウザーはとても勇敢です。この勇敢さは、もともとネズミなどの害獣の駆除犬としてブリーディングされたという歴史があるため。そうした素地を持っているので、ボールやフリスビーなどの何かをつかまえる遊びが大好きです。ただし、頑固さが発揮され、くわえてきたものを離さない……ということも少なくありません。とはいえ、頭のよい犬ですから、しっかりトレーニングをすれば、よいパートナーになりますよ。

平均的な体高は30〜35cm程度で、体重は4〜7kg程度。オス、メスに差はほとんどありません。

もっとも一般的な毛色はソルト＆ペッパー（灰色と白の組み合わせ）。そのほか、ブラック＆シルバー、ホワイト、ブラックなどの種類があります。

9章

飼い主と一緒のときに見られるしぐさ

そよかぜ公園
ほんとここ広いね。あれ？それどうしたの？
ネットで買ったんだ
これはなー、ぷー太。グーンと伸びるリードだぞ
ぷー太、とってこーい！
フフフ
わー広い！ずーっと走れてたのしいな
よーし、ぷー太偉いぞー！
いい子いい子
ヨシヨシ
ポト
もう1回！
わーいたのしい！うれしい！
2人とも楽しそうにして

よーし、いい子！
ぷー太かしこいな〜
ハッ
ハッ
どうしたの？
よかったね
トコ
トコ
コロン
?
クィ
クィ
アハハハ
なぁに？ 何してるの？
栄子に遊ぼうって言っているんだよ
もともと子犬が見せる動作なんだけど、大きくなってもこうやって遊びに誘う子は少なくないんだって
なにそれ？ えーと「犬の行動心理学」……？？
ほら

えー!? いつの間に そんな勉強を？
なんだよ オレだって ぷー太の飼い主だからな
前はあんなに 無関心だったのに……
フフ
よぉーし、交代！
エイッ
栄子ー、はりきりすぎて 転ぶなよー
ぷー太 ごめん！ 変なほうに 飛んでったー
ワッ
あっそういえば ぷー太の写真って あんまり撮って なかったな
待ってー
ハハハ

ある日の朝
今何時?
私、起こしたよー
バタ バタ
バタ バタ
・・・
栄子、ハンカチ忘れたからもって来てー
ぷー太〜
はーい
帰ったら引っぱりっこで遊ぼうな
わーい
サンキュー!いってきまーす
ハイ
早足 早足
散歩のリズム
よし、間に合った!
〇〇駅
08:05
フフ

どうしてそうなの？ そばにいるときの動作

飼い主さんと一緒にいる時間は、とっても幸せ。できるだけ長く一緒にいたいし、かまってほしい。そんな気持ちがあふれちゃう

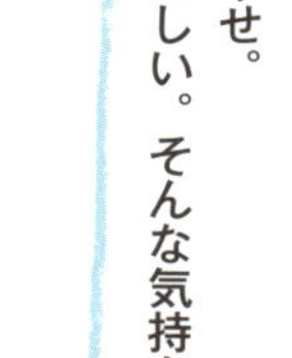

寝転んで前足をカキカキするのは何のサイン？

マンガでは、栄子さんの前で寝転がったぷー太が前足を使って「おいで、おいで」をするようなポーズをとっていましたね。

三平さんが言っていたように、これは「遊びの誘い」のサインと考えられます。普通、犬同士の遊びのお誘いは、プレイバウ（78ページ）を行なうと前述しました。

いっぽうお腹を見せての手招きは、子犬に多く見られるしぐさです。

子犬は兄弟と遊ぶとき、上になったり下になったりして優位と劣位を入れ替わりながらケンカごっこをすることがあります。その遊びのはじまりの一つに、一匹がわざと相手にお腹を見せて遊びの誘いをすることがあるのです。

また、リーダーである飼い主に対し、弱点のお腹を見せ、手招きをす

るのは「かまってほしい。遊んでほしい」という強い要求と期待のサインです。目はキラキラと輝き、しっぽを大きく振っているでしょう。

ソファに座っていたら、犬が足を鼻でつついてきた！

ソファでくつろいでいるとき、またはテレビを見ているとき、愛犬が寄って来て足を鼻でツンツンとつついてきたことはありませんか。

じつは、犬社会において鼻で相手をつつくしぐさは、「服従します」と伝えるサインです。ですが、相手が飼い主の場合は、親愛の気持ちがあって、同時に「○○をしてほしい」というおねだり気分でいます。

ですから、この場合のツンツンは、かまってくれない飼い主に対し、「ちゃんとこっちを見てよ」とアピールしたいのでしょう。

ただし、鼻でツンツンしてくる場合は、ガマンできるレベルのアピールで、「少しさびしいな」というところ。そこまで要求の度合いは高くありません。

要求度合いがアップすると、鼻でツンツンするという控えめなしぐさではなくなります。座っている飼い主の膝の上に前足をかけ、強くアピールしてくるでしょう。

しっぽを振っていたのに、噛まれた！気が変わってしまったの？

犬の気持ちは、しっぽを見るだけでわかるといいますが、そうでしょうか？

たとえば、一般的に「喜んでいるときはしっぽを振る」といわれています。ですが、しっぽを振っているからと不用意に犬をなでたら、急にガブリと噛まれてしまうことがあります。

しっぽを振るといっても、その振り方によってイヌの気持ちは異なります。

しっぽをゆったりと上げて、左右に振っていれば、嬉しいとき・喜んでいるときのサインです。ですが、しっぽをピンと高くあげて激しく小刻みに振っている場合は、興奮状態か、あるいは攻撃態勢に入っていると考えられます。

ただし、これは目安に過ぎず、興奮しているのにしっぽを左右に振る犬もいます。

見誤らないためにも、しっぽの振り具合だけでなく、イヌの体全体を観察してください。もし、体毛が逆立ち、前のめりになりながら体全体に力が入っていたら、興奮状態であるといえます。

遊び中であればクールダウンをし、なでているときであれば中断しましょう。

しっぽの振り幅からも気持ちが読みとれる？

しっぽの振り方は、さまざまです。飼い主に対して、大きくゆったり振られていれば、友好的な気分でいるときですが、それが腰から大きく左右に振るようであれば、友好的というより、へり下る意味になります。

さらにリーダーだと思う相手を前にすると、腰を落として床をほうきではくように、しっぽを大きく振ります。

これは優位な相手に対しての愛情と敬意を示すサインで、もともとオオカミの群れで、リーダーに対して行なわれていたものです。

しっぽのサインを見極めよう

上

しっぽを高くかかげ、ゆったりと振っている犬は、自信に満ちあふれています。しっぽの振りが大きく、笑顔であれば、喜びの感情もあらわします。

しっぽを根本から立ち上げ、高速に小刻みに振っている場合、とても強気で好戦的な状態です。この状態でさわると、噛まれる可能性があります。

遅　速

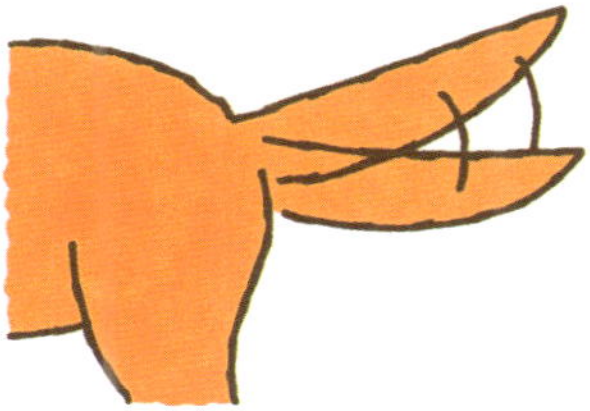

しっぽが下を向き、ほんのわずかに振られている……こんなときは自信がなく気持ちも沈んでいる状態です。体にも力が感じられません。

低い位置で小刻みに素早く振るときは、相手の実力がわからず、どう出ようか迷っている状態です。このあとしっぽが上がれば、攻撃スイッチがオンになります。

下

ソファに座っているときに寄りそってくる犬は、甘えん坊？

ソファに座っていると、愛犬がやって来ました。そしてヒョイッとソファに飛び乗って、もたれかかってきます……。

まるで甘えているかのように見える行動ですが、これは犬からの愛情表現ではありません。それどころか、「僕のほうが偉いんだ。ここは僕の席だぞ」という主張です。ここで場所を譲ってしまうと、「僕の意見を聞いた」→「僕の言うことを聞く」→「僕のほうが偉い」→「この家のリーダーは僕」と犬が勘違いしてしまいます。

これでは、どんどん図々しくなり、しまいには、飼い主の言うことを聞かなくなります。

少しかわいそうですが、ソファに犬がやって来ても、ここはすぐに床に下ろして、ソファは人間が使うものだと教えること。こうして序列を教えることが、犬にとっても大切なのです。

優位を主張する寄りそい

自分のほうが偉いと考えている犬は、体を使って飼い主を押す仕草をします。

親愛の気持ちを寄りそい

親愛の気持ちを抱いている犬は、体の一部を飼い主にそっと触れるようにして寄りそいます。

泣いているときに涙をなめるのは、励ましてくれているってこと？

飼い主が泣いていると、いつもはやんちゃな愛犬が、静かに寄りそい、頬に伝わる涙を優しくなめてくれたという話をよく聞きます。これは飼い主の悲しみを理解し、励ましているのでしょうか？

残念ながら、そうではありません。どんなに賢い犬でも、人の悲しみは理解できません。ただ飼い主が悲しむ様子を見て「静かにしておこう」と思っているだけなのです。

群れで行動する動物は、一匹の様子に周りが合わせることが多く、これを「社会的促進《しゃかいてきそくしん》」といいます。

よく一匹が遠吠えをはじめると、ほかの犬たちも遠吠えをはじめるでしょう。これが「社会的促進」の一例です。そして、飼い主が悲しみ、沈んでいるときに犬が寄りそって静かにするのは、飼い主の様子を真似しているのだと考えられます。

では、どうして涙をなめるのでしょうか？　これは、目からあふれる涙を見て、「いったいこれは何かな？」と好奇心を持ち、ついなめてみたというのが真相のようです。

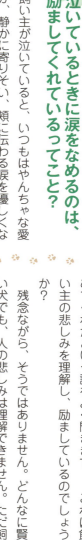

甘えのサイン を覚えよう

飼い主さんといるとき、僕たちは全身を使って「大好き」を表現するよ。とくに甘えたい気持ちのときは、次のようなしぐさをするんだ。たくさん甘えさせてね

ひかえめに体に触れる

鼻でつついたり、前足で飼い主に触れるのは、何か要求があってのこと。よくしつけられている犬は、ひかえめなタッチによって、「甘えたい気持ち」を示します。

目の前でお腹を見せる

犬をはじめ、動物にとって一番の弱点であるお腹を見せるのは、相手に対して絶対的な信頼感を抱き、服従しているサイン。「大好き」という気持ちのあらわれでもあります。

目を見て「クンクン鳴く」

「クンクン」という鳴き声は、子犬特有のものです。しかし、大人になっても甘えたいときは、鼻を鳴らすように高い声で「クンクン」と鳴きます。子犬気分でいるのでしょう。

足や体にまとわりつく

飼い主の関心を引きたくて仕方がないときは、飼い主のまわりをウロウロしたり、体の一部に触れてきたりします。しっぽを一心に振り、「自分を見て」「かまって」とアピールします。

うれションをする

嬉しくて仕方がないとき、興奮のあまり、子犬がおしっこをもらしてしまうことがよくあります。「大好きだよ！　早く遊んで」と大騒ぎしますが、うれションを習慣化しないためにも、冷静な対応を。

そばにいた犬が立ち上がって離れていった。居心地悪いってこと？

飼い主に寄りそうようにくつろいでいた犬が、ふと立ち上がって移動し、離れた位置に座り直すことがあります。

その行動に「私の隣は居心地が悪いのかな」と思うかもしれません。

ですが、このときの犬の気持ちはむしろ逆。「あなたのそばは安心だ」と思っているのです。その上で、**「飼い主さんはどこにも行かない」と確信しているからこそ、少し離れた場所でも十分リラックスできる**のです。

むしろ、一日中ぴったりとくっついてまったく離れない犬のほうが、何かしら不安を抱えているのかもしれません。

「こっちにおいで」と無理に呼び戻したりせず、犬がリラックスできる場所でくつろがせてあげましょう。

後追いをする犬としない犬。その本音は？

「ちょっとトイレ」と立ち上がると、即座に起き上がり、トイレの前までついてくる……。まるで乳児が親の後ろを追いかけるように、飼い主の後

を追う犬は珍しくありません。

ですが、どこを行くにもついてきて、飼い主が出かけようとすると不安げに鳴き続ける犬は、分《ぶん》離《り》不《ふ》安《あん》（34ページ）の可能性があります。

環境の変化など、何らかのストレスに襲われ、後追いをすることでまぎらわそうとしているのだと考えられます。この場合、犬をよく観察して、ストレスの原因を見つけ出し、とりのぞいてあげましょう。

後追いを直そうと無理に閉め出したり、ついてこられないようにするのはよくありません。犬が余計に不安がります。

ある程度の後追いは許し、つき合うようにしてあげてください。

このように後追いがひどい犬に対し、まったく後追いをしない犬もいます。このコは、飼い主のことを慕っていないということでしょうか。

いいえ、この犬は不安もストレスもなく、飼い主と離れていてもリラックスできているのです。むしろ、幸せのサインです。

喜びが爆発！ お出迎えのとき

お留守番の時間は、やっぱりさびしいから好きじゃないよ。その分、飼い主さんに会えるとうれしくて、こんなしぐさをするんだ

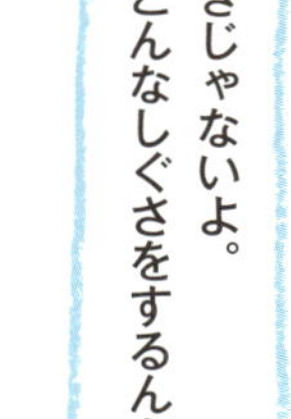

口元をなめてくるのは「大好き」ってこと？

犬はスキンシップが大好きで、とくに人間の口元をペロペロとなめてきたりします。外出先から帰って来た飼い主の口元をなめる場合、「嬉しいよ」「待っていたよ」という歓迎の意味にとらえる人が多いでしょう。

ですが、純粋な歓迎とは、少し違います。野生の母犬は、狩りに出て獲物をとらえると、その場で獲物を食べ、巣に戻ってから子犬に吐き戻して与えます。このとき、吐き戻しをうながすために子犬が行なうのが、母犬の口元をなめたり、口の中に舌を入れることでした。

つまり、犬が人間の口元をなめるのは、野生時代の名残でごはんを催促しているのだと考えられます。とはいえ、母犬のように信頼できる相手に限られますから、あなたを慕っている証拠といえます。

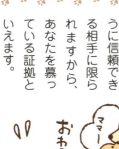

お出迎えのとき、タックルをしてくる犬は？

犬は、基本的にお留守番が苦手です。そのため飼い主の帰宅時になると、足音を聞きつけて、お出迎えをしてくれるコが多いでしょう。

このお出迎えのとき、飛びついてくる犬がいます。飼い主がバランスをくずして倒れそうになるほど強烈なタックルをすることもあります。

うれしさが爆発しての行動ですが、習慣化させるのは考えものです。

というのも、**この行動には、うれしい気持ちとともに「○○してほしい！」という要求の気持ちが込められています。**

これに毎回、つき合っていると、犬は「自分のお願いはこうすれば聞いてもらえる」と思い込んでしまいます。

飛びつきのお出迎えは子犬時代の経験から学んでいる場合が多いので、できれば子犬の頃からしつけておきたいもの。子犬が飛びつこうとしたら一歩下がってよけ、「オスワリ」や「フセ」を命じて、気持ちを落ち着かせるようにするとよいでしょう。

飛びつかなかったときにほめ、飛びつかれたときは無視してください。

反省している？

いたずらを叱ったとき

ときどき僕たちは「ダメ」と言われていることをしてしまって
飼い主さんに叱られることがある。でも、そんなに怒らないでほしいなぁ

お腹を見せたら、反省しているってこと？

イタズラをしている愛犬を発見。叱ったところ、コロリと仰向けになり、お腹を見せました。お腹を見せるのは「あなたに従います」というサインなので、反省していると思うかもしれません。

たしかに、イヌがお腹を見せるのは服従のサインですが、犬の耳やしっぽはどんな状態でしょうか？

どちらもピンと上を向いていたら、強気な証拠。叱られていることがわかって、いち早く反省のポーズをしていますが、これはあくまでポーズ。心の中では「ここは謝るそぶりを見せておこう」と思っている可能性が高いでしょう。

また、叱ろうとする前にお腹を見せて「雷が落ちそうだから、先にお腹を見せてなだめよう」という策士な犬もいます。

叱っているときに大あくび。なめられている？

叱られたときの犬の態度はさまざまで、なぜか急に大あくびをする犬もいます。その姿を見ると、ますます怒ってしまいそうですが、ちょっと待って。

犬は眠たいときや退屈なときにももちろんあくびをしますが、困っているときや落ち着きをとり戻したいときにもあくびをするのです。これもカーミングシグナルの一つで、相手に対しても「落ち着いてほしい」と思ったときに行ないます。

あくびをしているからといって、さらに叱ったりしないでくださいね。

噛まれたあとに手をなめられたら？

噛んではダメといい聞かせていたのに、スリッパをカジカジしていた愛犬。とり上げようとした途端、手を噛まれ、叱ろうとしたらまるで「ごめんなさい」というようにペロリと手をなめられました。これを見て、反省しているのね、と許してしまっていませんか。

じつは、噛んだあとになめるのは、反省とはまったく逆の気持ちで、「僕のほうが偉いんだ」「逆らうな」という意味です。

また、なめるのは、噛みたい衝動が残っていて、それをなめることでまぎらわせているのだとも考えられます。

上目づかいでペロッとなめる姿にほだされて許してしまうと、優劣が逆転してしまいかねません。必ずダメなことはダメだと、教えるようにしましょう。

巻末付録

わんこと暮らすための基礎知識

本書のぷー太は、三平さんと栄子さんの家族になってから3ヶ月たった状態でした。でも、はじめてお迎えしたときはいろいろ大変だったようです。ここでは、お迎え前に知っておくべき基礎知識をおさらいしましょう。

お迎えする前に

犬を家族の一員に迎えるのは、大きな喜びです。ですが悲しいことに、飼いはじめてから、「こんなつもりじゃなかった」と捨ててしまう人がいるのも事実です。

毎日のお世話や老犬になってからの介護など、犬と暮らすのは楽しいだけではないことを理解してください。また、食費や医療費、生活必需品などで犬にかかる費用があることも知る必要があります。それでも家族が幸せになれるという気持ちになったら、お迎えしましょう。

- **飼いはじめにかかる金額の目安**……5万円程度（犬の購入費除く）
- **毎年かかる金額の目安**……10～20万円程度（食費・医療費・生活用品など）

犬種の選び方

本書の章末コラムで、人気の犬種とその性格を紹介しました。ただし、犬種別の性格はあくまで傾向であり、個体や生活環境によって異なります。性格よりも重要なのが、家族のライフスタイルに合わせた犬種選びをすることです。たとえば、狭い1LDKのマンションで大型犬を飼うのは、人も犬もストレスになります。「この犬種がいい」と限定せず、どんな暮らしを犬としていくのかを考慮した上で決めるとよいでしょう。獣医さんやブリーダーさんの意見を聞くのもよいですね。

犬をお迎えする場所を選ぶ

現在、犬をお迎えできる場所はいくつもあります。それぞれのよいところと悪いところを比べて、選ぶようにしましょう。

- **ペットショップ**……子犬の入手が容易。子犬同士が遊べる環境になっているか、清潔かを確認する。
- **ブリーダー**……希望の犬種があれば、その種の知識が豊富のため、よき相談相手になってもらえる
- **知人からの譲渡**……出産で譲られた場合、親子の時間がとれているため、社会化している子犬が多い。
- **愛護団体からの譲渡**……おもに成犬が対象。どんな経緯で保護されたのか、性格はどうかなどを確認する。

ミニチュアシュナウザーは賢く聡明。ちょっと頑固なところがある

ミニチュアダックスフンドは好奇心旺盛でやんちゃ。鳴き声が大きい

トイプードルは頭がよく人懐こい。はじめて犬を飼う人にも向いている

わんこグッズをそろえよう

お迎えしてから「これがなかった！」「あれを忘れていた！」なんてことがないよう、犬をお迎えする前に、必要なものをひと通りそろえましょう。ここで紹介するグッズは必要最低限のものなので、必要に応じて買い足すようにします。

食器とごはん

食器は犬のサイズにあわせて適切なものを選びます。水用とごはん用の二種類を用意しましょう。

トイレシーツ

犬が用を足すために腰を下ろしたとき、一回り大きいくらいのサイズがちょうどよいでしょう。

リードと首輪

お散歩時に必ず使うものです。見た目で選ばず、丈夫で使い勝手のよいものを選びましょう。

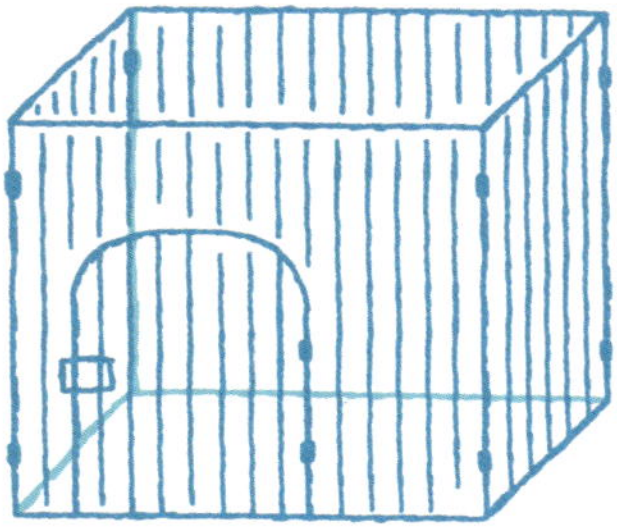

ケージ（サークル）

室内で自由にさせている犬をのぞき、日々の生活空間となります。成長に合わせて連結し、サイズが変えられるものが使いやすいです。

お手入れ用品

毛玉の防止やダニの繁殖を防ぐため、またコミュニケーションのためにブラッシングは欠かせません。このほか、爪きりや歯ブラシもできれば用意を。

キャリーバック

犬の避難場所であり、休憩室。また、移動時に持ち運ぶときに利用します。体高より少し大きく、中で回れる幅がベストです。

お迎えするときの注意点

グッズをそろえれば準備万端！……とはいきません。とくに室内飼いの場合は、家の中も犬が居心地よい空間になるよう整える必要があります。人間にとっては害がなくても、犬にとっては危険なものは少なくありません。次の点に気をつけて確認してみてください。

- □ **電気コードが犬の生活スペースにないか？** ▼かじって感電する危険
- □ **鉢植えや花瓶が近くにないか？** ▼有害な植物を食べると危険
- □ **たばこが近くにないか？** ▼食べてしまうと危険
- □ **小物を床に置いていないか？** ▼飲みこんでしまう恐れがある

犬にとって居心地のよい空間をつくろう

完全に室内で自由にさせている家庭を除き、生活スペースをある程度限定しておくほうが犬にとっては安心です。その場合、ケージ（サークル）をうまく利用するとよいでしょう。左ページのレイアウトを参考にしてください。

レイアウト1 ケージ内にグッズを配置する

このレイアウトの場合、犬の縄張りが限定されるため、犬が安心して過ごすことができます。トイレとキャリーやベッドなどのくつろぎスペースは離すようにしてください。

レイアウト2 ケージとくつろぎスペースを別にする

サークルをトイレ専用にして、くつろぎの場をサークル外に設置するパターンです。トイレを早く覚えるというメリットがあります。常にキャリーに入れておくとストレスになるので、適宜出してあげてくださいね。

健康状態に注意しよう

お迎え後に注意したいのは、犬の健康状態です。ブラッシングや遊びの中で、犬をよく観察し、少しの変化も見逃さないようにしましょう。最後に、おもな犬の不調のサインをまとめておきます。

症状	原因
お尻をこする	床にお尻をつけてこすっているときは、肛門腺が炎症を起こしているのかも。
カキカキ	あまりに激しく一箇所をかいている場合、アレルギーやストレスなどの原因が考えられる。
体がふらつく	歩行中に体がぐらつく場合、神経疾患にかかっている可能性あり。病院で診察を。
下痢をする	元気なのに便秘や下痢をしている場合、アレルギーや内臓疾患の可能性がある。
体重が変化する	急にやせたり太ったりした場合、糖尿病や寄生虫などが原因として考えられる。
フケが出る	清潔にしていてもフケが多く出る場合、シャンプーが合っていないか、皮膚病にかかっている可能性がある。
ものを吐く	食べすぎなど、一過性のものであれば問題ないが、吐き続ける場合は内臓疾患の可能性が。早急に病院で相談を。

おもな参考文献

『犬の気持ち、飼い主の疑問』小暮規夫（講談社）
『犬が好き人が好き　トリマーだからわかる犬の気持ち』鈴木邦枝（あ・うん）
『犬の心理学　愛犬の気持ちが手に取るようにわかる』林良博（世界文化社）
『犬と話そう　愛犬の気持ちがわかる犬語の世界』デイヴィッド・オルダートン（ペットライフ社）
『ムツゴロウ先生の犬と猫の気持ちがわかる本』畑正憲（ベストセラーズ）
『犬語の話し方』スタンレー・コレン（文藝春秋）
『イヌの気持ちがわかる67の秘訣』佐藤えり奈（ソフトバンククリエイティブ）
『しぐさでわかるイヌ語大百科　カーミング・シグナルとボディ・ランゲージでイヌの本音が丸わかり！』
西川文二（ソフトバンククリエイティブ）
『うちの犬のキモチがよくわかる！』（日本文芸社）
『犬はあなたをこう見ている　最新の動物行動学でわかる犬の心理』ジョン・ブラッドショー（河出書房新社）

● 編著 ―――――――――――――――― わんこラブの会
● 本文マンガ・イラスト ―――――― フジサワミカ
● カバー、本文デザイン・DTP ― podo

マンガで納得！　犬の気持ちがわかる
2016年2月2日　初版 第1刷発行
2019年12月31日　初版 第2刷発行
発行人：星野 邦久
編集人：遠藤 和宏
発行元：株式会社 三栄
〒160-8461
東京都新宿区新宿6-27-30 新宿イーストサイドスクエア7F
TEL：03-6897-4611（販売部）
TEL：048-988-6011（受注センター）

印刷製本所　図書印刷株式会社
ISBN 978-4-7796-2790-3
SAN-EI CORPORATION